FORSCHUNGSBERICHTE DES LANDES NORDRHEIN-WESTFALEN

Herausgegeben
im Auftrage des Ministerpräsidenten Dr. Franz Meyers
von Staatssekretär Professor Dr. h.c. Dr. E.h. Leo Brandt

DK 862.2

Nr. 1053

Dr.-Ing. Eberhard Meinecke
Dr.-Ing. Wilhelm Klauditz

Institut für Holzforschung an der Technischen Hochschule Braunschweig

Über die physikalischen und technischen Vorgänge bei der Beleimung und Verleimung von Holzspänen bei der Herstellung von Holzspanplatten

Als Manuskript gedruckt

WESTDEUTSCHER VERLAG / KÖLN UND OPLADEN
1962

ISBN 978-3-663-03277-9   ISBN 978-3-663-04466-6 (eBook)
DOI 10.1007/978-3-663-04466-6

Gliederung

Seite

1. Einleitung und Problemstellung 7
2. Einfluß der Güte der Beleimung auf die Festigkeitseigenschaften der Holzspanplatten 9
2.1 Spezielle Problemstellung 9
2.2 Stand der Technik 15
2.3 Bedeutung der Bindemittel-Zerteilung beim Sprüh-Umwälz-Beleimungsverfahren 19
   2.31 Einfluß der Bindemittel-Zerteilung auf die Ausbildung einer geschlossenen Leimfuge 19
      2.311 Modellversuche 23
      2.312 Übertragbarkeit der Ergebnisse der Modellversuche - Einfluß der Morphologie der Holzspäne 27
      2.313 Einfluß der Bindemittel-Zerteilung auf die Verleimungsfestigkeit von Holzspänen 34
      2.314 Bedeutung der Bindemittel-Zerteilung für das Zusammenwirken der Bindemittelauftragsmenge und der Oberfläche der Späne bei der Festigkeitsausbildung der Holzspanplatten . . 38
   2.32 Einfluß der Bindemittel-Zerteilung auf die Festigkeitseigenschaften von Holzspanplatten 40
2.4 Bedeutung der Bindemittel-Verteilung 44
   2.41 Wesen der Bindemittel-Verteilung 44
   2.42 Ermittlung der Bindemittel-Verteilung 45
   2.43 Einfluß der Bindemittel-Verteilung auf die Festigkeitseigenschaften von Holzspanplatten 48
2.5 Einfluß der Bindemittel-Verteilung und der Bindemittel-Zerteilung auf die Festigkeitseigenschaften von Holzspanplatten 52
2.6 Zusammenfassende Bewertung - Folgerungen 57
3. Abhängigkeit der Güte der Beleimung von der Bauart und Arbeitsweise der Sprüh-Umwälz-Beleimungsmaschinen . . . 58
3.1 Die Zerteilung des Bindemittels 58
   3.11 Zerteilung mit Hilfe von Flüssigkeitsdruck 58
   3.12 Zerteilung mit Hilfe von Preßluft 61

Seite

3.2 Die Verteilung des Bindemittels 62
   3.21 Theoretische Herleitung der Bindemittel-Verteilung 62
      3.211 Beleimung des Spangutes bei einem Durchgang der Späne durch die Sprühzone 63
      3.211 1 Der Spänestrom 64
      3.211 2 Bindemittelstrom und spez. Bindemittelmenge B_F 64
      3.212 Zuführung der Späne zur Sprühzone durch zufällige Auswahl 66
      3.212 1 Idealisierung und Abstrahierung des Beleimungsvorganges 66
      3.212 2 Theoretische Herleitung der Wahrscheinlichkeit für das Erscheinen eines Spanes in der Sprühzone 67
      3.212 3 Abhängigkeit der Grundwahrscheinlichkeit von der Ausbildung der Maschine und der Beschaffenheit des Spangutes 69
      3.212 4 Anzahl der Wiederholungen der Alternative . 71
      3.212 5 Ableitung der Bindemittel-Verteilung aus der Verteilung für das Erscheinen eines Spanes in der Sprühzone 72
      3.212 6 Anwendung der Formeln bei kontinuierlich arbeitenden Maschinen 74
      3.213 Diskussion der Ergebnisse 75
   3.22 Experimentelle Bestätigung der abgeleiteten Beziehungen 76
   3.23 Abhängigkeit der Bindemittel-Verteilung von der Beleimungstechnik 85
      3.231 Allgemeines, Abweichen der Bindemittel-Verteilung vom Poissonschen Verteilungsgesetz 85
      3.232 Untersuchung des Wirkungsgrades einer Beleimungsmaschine 88
      3.233 Anwendung der Erkenntnisse auf die optimale Auslegung einer Beleimungsmaschine 90
      3.234 Berücksichtigung der Bindemittel-Verteilung bei der Laborbeleimung 95

Seite

4. Technisch-wirtschaftliche Bedeutung der Ergebnisse ... 96
5. Zusammenfassung 98
6. Experimentelle Angaben 101
7. Literaturverzeichnis 116
8. Verzeichnis der Abkürzungen 119

1. Einleitung und Problemstellung

Aufbauend auf wissenschaftlichen und technischen Erkenntnissen [1, 2] hat die Holzplattenindustrie als neugeschaffener Industriezweig in den vergangenen 10 Jahren zum Nutzen der Forst- und Holzwirtschaft eine große technisch-wirtschaftliche Bedeutung erlangt (Produktion von Holzspanplatten in der Bundesrepublik Deutschland 1953: 67 000 cbm, 1959: ca. 650 000 cbm) [3]. Um die Voraussetzungen für eine weitere günstige Entwicklung dieses Industriezweiges zu schaffen, ist es erforderlich, die einzelnen Arbeitsgänge der Holzspanplattenherstellung auf technisch-wissenschaftlicher Grundlage noch näher zu erfassen, um darauf aufbauend weitere technische Fortschritte gewährleisten zu können.

In ihren Grundzügen stellt sich die Holzspanplattenherstellung kurz wie folgt dar [2]:
Auf getrocknete Holzspäne, die vorwiegend in dünnflächiger Form in einer Dicke von 0,2 bis 0,5 mm vorliegen, werden mittels geeigneter Vorrichtungen wässrig-kolloide, etwa 50 bis 60 %ige Lösungen von härtbaren Kunstharzen, insbesondere von Harnstoff-Formaldehyd-Kunstharzen fein zerteilt aufgebracht. Durch Abstreuen der beleimten Späne werden anschließend lockere Spanmatten gebildet, in denen die Späne schichtweise in der Plattenebene gleichmäßig streuend gelagert sind. In den nachfolgenden Arbeitsgängen werden diese Spanmatten in beheizten hydraulischen Etagenpressen verdichtet und dabei unter gleichzeitiger Zuführung von Wärme im Ablauf der dadurch eintretenden Kondensation des auf den Oberflächen der Späne befindlichen Kunstharz-Bindemittels eine überlappende Verleimung der Späne zu Holzspanplatten bewirkt.
Die physikalischen Eigenschaften, insbesondere die Festigkeitseigenschaften der hergestellten Erzeugnisse, d.h. der Grad der Übertragung der gegebenen Festigkeit der Holzspäne in den Verband der Platte, sind von einer Reihe von Faktoren abhängig, so z.B. von den Abmessungen der Späne, der Menge des zur Verleimung aufgewendeten Kunstharz-Bindemittels, der Wirksamkeit der Beleimung sowie von der durch den Verdichtungsgrad der Spanmatte eingestellten Rohwichte der Platten.

Der technisch-wirtschaftliche "Wirkungsgrad" der Holzspanplattenherstellung ist in hohem Maße von der Menge des aufgewendeten Kunstharz-Leimes bzw. Kunstharz-Bindemittels abhängig, da diese als wesentlicher

Faktor in die Rohstoffkosten eingeht. Im allgemeinen bewegen sich die Rohholzkosten zu den Bindemittelkosten je Gewichtseinheit im Verhältnis 1 : 10. Unter Berücksichtigung dieses Kostenfaktors wurde die technisch-wirtschaftliche Herstellung von Holzspanplatten in den Jahren seit 1950 erst dadurch ermöglicht, daß man dazu überging, dünnflächige Schneidspäne, die durch faserparallele Zerspanung von Stückholz gewonnen werden, zu verwenden. Derartige Späne gestatten es, auf Grund ihrer großen spezifischen Oberfläche und ihrer erhöhten Verleimungsfläche bei einem Aufwand von nur ca. 8 p Kunstharzbindemittel, gerechnet als Feststoff pro 100 p atro Holz, zu gut verwendungsfähigen z.B. im Möbelbau vorteilhaft einsatzfähigen mittelschweren Holzspanplatten mit einer Rohwichte von $0,5$ bis $0,7$ (p/cm^3) zu gelangen. Wenn auch durch diese Entwicklung bei einem wirtschaftlich tragbaren Aufwand an Kunstharz-Bindemittel bereits verhältnismäßig gute Ergebnisse erzielt werden konnten, so spielt doch sowohl vom technisch-wissenschaftlichen als auch vom technisch-wirtschaftlichen Standpunkt die Ausnutzung der eingebrachten Kunstharz-Bindemittel hinsichtlich der Übertragung der Spanfestigkeit in den Verband "Holzspanplatte" für die Weiterentwicklung der Holzspanplattenfabrikation weiterhin eine große Rolle.

Es wurde bereits im Jahre 1951 von W. KLAUDITZ darauf hingewiesen [4], daß zur Erzielung einer maximalen Wirksamkeit des Bindemittels den Vorgängen und dem Ablauf der Beleimung, d.h. der Art der Aufbringung der wässrig-kolloiden Lösungen der Bindemittel auf die Oberfläche der Späne größte Aufmerksamkeit zu widmen ist und diese komplexen Vorgänge in ihren Einzelheiten wissenschaftlich noch näher zu erfassen sind, um daraus Hinweise für die zweckmäßige Konstruktion von Beleimungsmaschinen mit hohem Wirkungsgrad, d.h. mit hohem Ausnutzungsgrad des eingesetzten Bindemittels gewinnen zu können.

Unter Zugrundelegung bereits vorliegender Untersuchungsergebnisse über den Beleimungsvorgang erschien es erforderlich, die verschiedenen Einflußgrößen beim Beleimungsvorgang noch näher auf einer wissenschaftlichen Grundlage zu erfassen, insbesondere, da mittlerweile nachgewiesen wurde, daß übliche technische Beleimungsmaschinen, die vorwiegend nach dem Sprüh-Umwälz-Verfahren ausgebildet sind, einen nicht befriedigend hohen Wirkungsgrad erzielen, d.h. in nicht zureichendem Maße die Gewähr bieten, daß durch die Art der Beleimung eine maximale Ausnutzung des eingebrachten Kunstharzbindemittels erreicht wird [5, 6].

In der vorliegenden Arbeit wurden daher die komplexen physikalischen und mechanischen Vorgänge der Beleimung von Holzspänen im Rahmen der normalen Fertigung von Holzspanplatten experimentell unter Verwendung von Aminoplasten als Leimen eingehend gekennzeichnet und aufbauend auf den gewonnenen Ergebnissen Untersuchungen über die zweckmäßige Konstruktion von Beleimungsmaschinen nach dem Umwälz-Sprühverfahren angestellt. Unter Erfassung des Standes der Technik wurden dementsprechend folgende Hauptprobleme näher behandelt:

1. Der Einfluß der Güte der Beleimung auf die Festigkeitseigenschaften von Holzspanplatten.
2. Der Einfluß der Konstruktion und Arbeitsweise von Beleimungsmaschinen nach dem Sprüh-Umwälz-Verfahren auf die Güte der Beleimung und die Festigkeitsausbildung von Holzspanplatten.

2. Einfluß der Güte der Beleimung auf die Festigkeitseigenschaften von Holzspanplatten

Die Eigenart der Beleimung und Verleimung von dünnen flächigen Holzspänen besteht gegenüber der üblichen Vollholz-Verleimung darin, daß bezogen auf die verhältnismäßig große Oberfläche der Späne nur eine begrenzte Gewichts- bzw. Volumenmenge an Kunstharz-Bindemittel ($\underline{BM}$) zur Verfügung steht, die es praktisch nicht möglich macht, die gesamte Oberfläche der Späne mit einem zusammenhängenden Leimfilm zu versehen. Es müssen deshalb diejenigen Faktoren und Probleme näher gekennzeichnet werden, die das Gesamtsystem der Beleimung von dünnflächigen Holzspänen maßgeblich beeinflussen.

2.1 Spezielle Problemstellung

Rechnerische Bestimmung der Bindemittelauftragsmenge: Wie schon in der Einleitung erwähnt wurde, liegt aus technisch-wirtschaftlichen Gründen die Bindemittelmenge in p Feststoff ($\underline{FS}$), die auf 100 p atro Holzspäne aufgebracht wird und die hier als spezifische BM-Menge B_G [p FS/100 p H] definiert werden soll, vorwiegend im Bereich von 6 bis 10 [p FS/100 p H]. Unter praktischen Verhältnissen werden dünnflächige Schneidspäne mit einer Dicke von 0,15 bis 0,7 [mm] verwendet, wobei Späne mit einer Dicke von 0,2 bis 0,5 [mm] vorherrschen. Aus der Dicke der Späne läßt sich nach KLAUDITZ [7] ihre spezifische $\underline{Oberfläche}$ F [m²/100 p atro Holz], d.h. die Summe der Fläche der beiden Deckseiten berechnen. Unter Berücksichtigung des Einflusses der unterschiedlichen Rohwichte r_o der Holzarten ergibt sich folgende Beziehung:

$$F \ [m^2/100 \ p \ H] = \frac{0,2}{r_o \cdot d} \qquad (1)$$

Aus dem B_G und der Oberfläche der Späne je 100 p atro Holz läßt sich die Festharzmenge ableiten, die zur Beleimung von 1 m² Spanoberfläche zur Verfügung steht. Diese Kennzahl, die hier als spezifische BM - menge B_F [p FS/m²] definiert werden soll, errechnet sich aus der Gleichung:

$$B_F \ [p \ FS/m^2] = \frac{BAF \cdot r_o \cdot d}{0,2} \qquad (2)$$

Die Beziehungen, die sich gemäß Gleichung (2) unter Berücksichtigung der unterschiedlichen Rohwichte der Holzarten Rotbuche, Kiefer und Fichte ausbilden, sind in der Abbildung 1 dargestellt. Zusätzlich ist der Einfluß eines unterschiedlichen B_G mit 6,8 und 10 [p FS/100 p H] berücksichtigt worden. Als grundlegende allgemeine Feststellung ergibt sich, daß die B_F mit abnehmender Spandicke, abnehmendem B_G und abnehmender Rohwichte der Holzarten geringer wird. Um die Verhältnisse zu kennzeichnen, die sich unter annähernd normalen Bedingungen ausbilden, ist in der Abbildung 1 ein Beispiel eingezeichnet, aus dem zu entnehmen ist, daß bei einer mittleren Spandicke von d = 0,25 [mm] und einer B_F = 8 [p FS/100 gH] sich für Fichtenholz (r_o = 0,43) eine spezifische BM-Menge B_F von nur 4,3 [p FS/m²] ergibt.

Es sei hier ergänzend darauf hingewiesen, daß, wie schon bemerkt, lediglich die Deckflächen der Späne als "Oberfläche" in die Beziehung eingebracht wurden, da der Anteil der Randflächen bei dünnen Spänen, d.h. in einem Bereich von etwa d = 0,2 bis 0,4 [mm], bei einer üblichen Breite der Späne von 4 bis 8 [mm] und einer Länge von 15 bis 30 [mm] anteilmäßig sehr gering ist und hier vernachlässigt werden kann. Ferner ist zu berücksichtigen, daß die Kantenflächen bei dem normalen Herstellungsverfahren für Holzspanplatten, dem Flachpreßverfahren, nicht oder nur in untergeordnetem Maße als Verleimungszonen auftreten. Außerdem werden die Kantenflächen auch weniger beleimt als die Deckflächen, da im Ablauf des Sprüh-Umwälz-Beleimungs-Verfahrens vorwiegend die Deckflächen den leimverteilenden Vorrichtungen zugekehrt sind. Bei Spänen aus Fichtenholz mit einer Dicke um 0,25 [mm], einer Länge um 20 [mm] und einer Breite um 4 [mm], sog. "Testspänen", beträgt der Anteil der Kantenflächen an der Gesamtoberfläche nur ca. 7 %.

Vergleich der Beleimung und Verleimung von Holzspänen mit denen von Vollholz: Die bei der Beleimung und Verleimung von Holzspänen vorliegenden besonderen Verhältnisse sollen hier kurz mit denen bei der Vollholzverleimung verglichen werden. Bei der Vollholzverleimung rechnet man mit einer spezifischen BM-Menge B_G von ca. 100 [g FS/m²], wobei unter diesen Bedingungen, falls die BM-Lösung einen FS-Gehalt von 40 bis 60 % aufweist, mit geeigneten Maschinen, z.B. mittels Auftragswalzen, auf die Holzoberfläche ohne größere technische Schwierigkeiten ein zusammenhängender Film aufgebracht werden kann. Würde man unter Heranziehung des bereits aufgeführten Beispiels auf 0,25 [mm] dicke Fichtenholzspäne diese B_F von 100 [p FS/m^2] auftragen, so würde die B_G das etwa 24fache des vorn in Rechnung gesetzten Wertes von 8 [p FS/100 g H] betragen und sich somit außerhalb jeder wirtschaftlichen Möglichkeit bewegen.

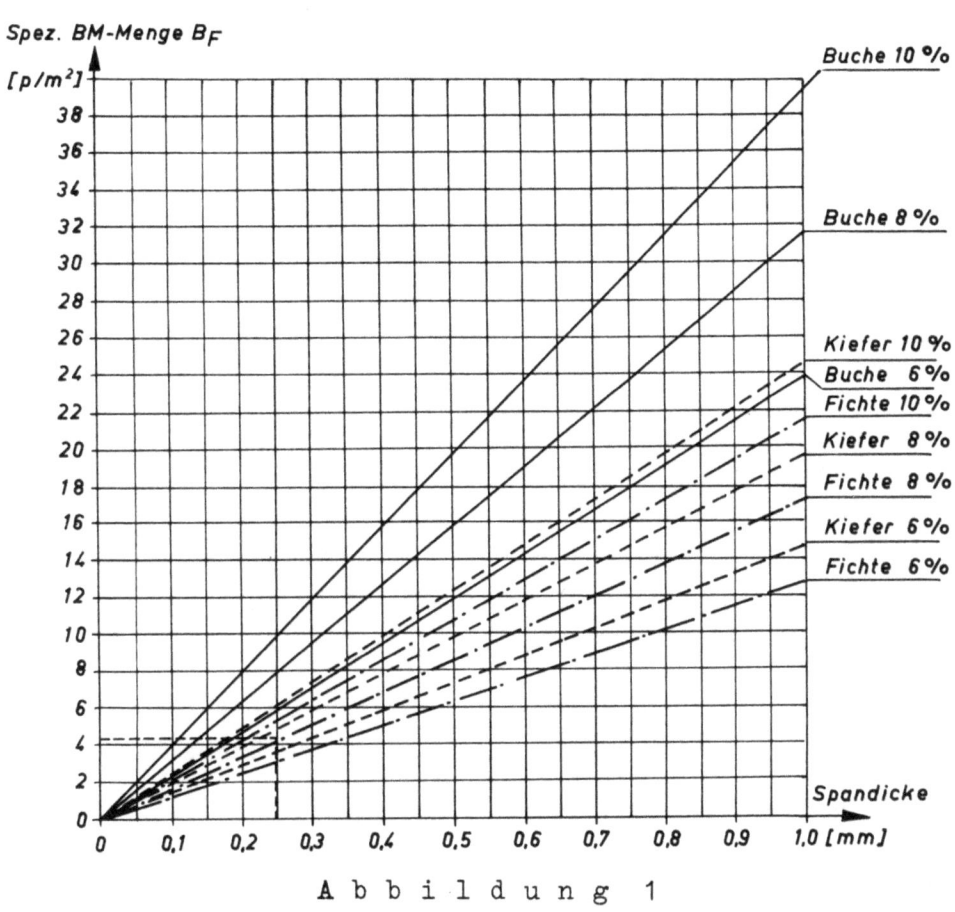

Abbildung 1

Spezifische Bindemittelmenge B_F in Abhängigkeit von der Spandicke mit der Holzart und der spezifischen Bindemittelmenge B_G als Parameter

Wenn man davon ausgeht, mit der gegebenen recht geringen spezifischen BM-Menge B_F auf den dünnen Holzspänen dennoch einen zusammenhängenden Film auszubilden, so kann man die erforderliche Dicke dieses Films berechnen:

Setzt man für das Kunstharz ein spezifisches Gewicht von 1,2 [p/cm^3] ein, so würde sich unter Zugrundelegung des vorgenannten Beispiels, d.h. bei einem B_G von 8 [p FS/100 g H] eine FS-Filmdicke von nur 3,6 [µm] ergeben. Berücksichtigt man, daß das Auftragen des Films dadurch begünstigt wird, daß das Kunstharzbindemittel in Form einer z.B. 50 %igen Lösung aufgetragen wird, so würde, wenn man das spezifische Gewicht der Bindemittellösung mit ca. 1,05 einsetzt, dennoch ein recht dünner Film von nur 8,2 [/um] Dicke im Ablauf der technischen Beleimung auszubilden sein.

Günstigere Verhältnisse hinsichtlich der Möglichkeit der Ausbildung eines zusammenhängenden Films ergeben sich bei einer größeren Dicke der Späne, da die Oberfläche der Deckseiten umgekehrt proportional der Spandicke ist. Erhöht man z.B. die Dicke der Holzspäne von 0,25 auf 0,75 [mm], so würde sich die B_F verdreifachen. Dennoch wird es auch in diesem Falle bei einer FS-Konzentration des BM von 50 % verfahrenstechnisch erforderlich sein, eine Filmdicke von nur 25 [/um] auszubilden. Gleichfalls günstigere Verhältnisse würden sich bei einer Herabsetzung der Konzentration der Bindemittellösung einstellen, da in diesem Fall die Ausbildung eines zusammenhängenden Films durch das zur Verfügung stehende größere Volumen der Bindemittellösung verfahrenstechnisch erleichtert würde. Dieser Variation der Konzentration der Bindemittellösung sind jedoch im Ablauf des technischen Prozesses der Holzspanplattenherstellung Grenzen gesetzt, da durch eine stärkere Verdünnung der BM-Lösung der Feuchtigkeitsgehalt der Späne erhöht wird und hierdurch der zeitliche Ablauf des Verleimungsvorganges insofern beeinträchtigt wird, als bei der Verleimung aus dem Spangut eine größere Menge Wasser auszudampfen ist. Hierdurch würde die Verleimungszeit verlängert und ein verfahrenstechnischer Nachteil eintreten [8, 9].

<u>Morphologische Eigenart des Spangutes:</u> Die technische Verwirklichung der Aufbringung eines Leimfilms von so geringer Dicke auf die dünnflächigen Holzspäne wird auch durch die morphologische Eigenart des Spangutes erschwert. Wenn man als Spangut Fichtenholz-Späne mit einer Dicke um 0,25 [mm], einer Länge um 20 [mm] und einer Breite um 4 [mm] zu Grunde legt, so ergibt sich rechnerisch aus 100 p atro Fichtenholz die beträchtliche Menge von 11.600 Spänen. Diese Späne stellen in ihrer morphologisch-physikalischen Eigenart ein lockeres Gut mit einem Schüttgewicht von nur ca. 0,07 [p/cm^3] dar. Beim technischen Beleimungsvorgang ist es erforderlich, die Vor- und Rückseiten jedes Spanes gleichmäßig zu beleimen. Zusätzlich zu den obengenannten Faktoren ist also die morphologische Eigenart des Spangutes in Rechnung zu setzen, die die gleichmäßige Aufbringung des BM auf beiden Deckflächen des Spanes in Form eines Films weiterhin erschwert. Da es bisher nicht möglich ist, dieses Problem mit Hilfe herkömmlicher Maschinen zu lösen, d.h. die gesamte Oberfläche mit Bindemittel zu bedecken, behilft man sich so, daß man die wässrig-kolloide Bindemittellösung in Tröpfchen zerteilt, sie so auf die Oberfläche der Späne aufbringt und damit nur einen Teil der Gesamtoberfläche der Späne mit der Bindemittellösung bedeckt.

<u>Bedeutung der Ausbildung einer geschlossenen BM-Fuge für die Verleimungsfestigkeit</u>: Es ist bekannt, daß bei der Verleimung von Holz oder Holzzuschnitten dann ein Maximum der Verleimungsfestigkeit ausgebildet wird, wenn die verleimten Späne durch eine geschlossene Leimfuge verbunden sind [10]. Die Dicke des BM-Films beeinflußt die Festigkeit der BM-Fuge nur unwesentlich [18]. Entscheidend ist also die vollständige Ausnutzung der in Kontakt gebrachten Flächen der zu verleimenden Teile als Verleimungszonen. Aus der Literatur ist z.B. bekannt, daß man bereits zwischen Holzflächen eine vollwirksame Verleimung erzielen kann, wenn die Dicke der geschlossenen Leimfuge - unter Voraussetzung eines ausreichenden Verleimungsdruckes - bis zu einer Dicke von unter 1 μ herabgesetzt wird [11].

Da die Ausbildung eines geschlossenen Films zur Erzielung einer maximalen Fugenfestigkeit bei der Beleimung und anschließenden Verleimung von Holzspänen bei der technischen Holzspanplattenfabrikation nicht erzielbar ist, kann auch grundsätzlich so lange nicht das Maximum der Festigkeitsausbildung von Holzspanplatten erreicht werden, wie die genannte Forderung der Ausbildung einer geschlossenen Leimfuge nicht erfüllt wird.

<u>Die Geschlossenheit der BM-Fuge begünstigende Faktoren:</u>

Es ist bekannt, daß beim anschließenden Verleimen der Späne zu Holzspanplatten das System durch besondere Faktoren günstig beeinflußt wird [4]:

Das wässrig-kolloide Bindemittel lagert auf Grund seiner Viskosität und den damit gegebenen Oberflächenspannungen zwischen Bindemittel und Holzoberfläche zumeist annähernd tröpfchenartig auf der Oberfläche der Späne. Bei der üblichen Verleimung von Holzspänen zu Holzspanplatten werden die Spanmatten verdichtet und dabei die Holzspäne in den Überlappungszonen gegeneinander gepreßt. Durch diesen Vorgang werden die viskos-plastischen BM-Tröpfchen bzw. BM-Zonen flächig verbreitert und somit der Anteil der mit BM versehenen Oberfläche der Späne vergrößert. Hierbei wirkt sich weiterhin günstig aus, daß beide zu verleimende Span-Deckflächen beleimt worden sind, so daß sich die Bindemittelzonen der beiden Spandeckseiten ergänzend überlagern, wodurch eine Kompensation der Fehlstellen eintritt, die zusätzlich die Ausbildung einer geschlossenen BM-Fuge begünstigt. Die Plastifizierbarkeit und flächige Verbreiterung der Tröpfchen wird darüber hinaus noch durch die Erwärmung des BM beim Verleimen der Spanmatten erhöht.

Durch die Kennzeichnung der Faktoren, die den Gesamtvorgang maßgeblich bestimmen, können jetzt die damit in Zusammenhang stehenden speziellen Probleme der Beleimung näher definiert werden. Für eine voll wirksame Verleimung der Späne ist die Ausbildung einer geschlossenen BM-Fuge auf jeden Fall anzustreben. Die Beleimung muß also zur Erfüllung dieser primären Forderung so durchgeführt werden, daß unter Einfluß begünstigender Vorgänge selbst bei der zur Verfügung stehenden sehr geringen spezifischen BM-Menge die Ausbildung einer geschlossenen BM-Fuge nach Möglichkeit erreicht wird.

Bedeutung der Zerteilung des BM: Um auf einen beliebigen Werkstoff mit großer Oberfläche einen anderen Stoff, der in recht geringer Gewichts- oder Volumenmenge zur Verfügung steht, in möglichst zusammenhängender Schicht aufbringen zu können, ist es erforderlich, den Auftragsstoff weitgehend zu zerteilen, um mit den gebildeten kleinen Teilchen einen möglichst hohen Anteil der Oberfläche bedecken zu können. Beim Beleimungsvorgang ist also eine möglichst weitgehende Zerteilung der BM-Lösung anzustreben, um damit für die Erfüllung der primären Forderung, der Ausbildung einer geschlossenen BM-Fuge, die physikalischen Voraussetzungen zu schaffen.

Bedeutung der BM-Verteilung: Wird vorausgesetzt, daß die Forderung nach einem hohen Zerteilungsgrad des BM erfüllt ist, so ist in diesem System noch ein zweiter maßgebender Faktor zu berücksichtigen:

Es ist bekannt, daß beim Beleimungsvorgang im Ablauf der Holzspanplatten-Fabrikation noch nicht die Gewähr dafür gegeben ist, daß die Deckflächen jedes Spanes mit der genauen sich nach Gleichung (2) ergebenden rechnerischen spez. BM-Menge BF versehen werden [5]. Die B_F auf den einzelnen Deckflächen schwanken im allgemeinen um den rechnerischen Mittelwert, so daß sie statistisch verteilt sind. Diese statistische Verteilung der BM-Auftragsmenge wird als BM-Verteilung definiert, wobei die Streuung der Verteilung ein Maß für die Gleichmäßigkeit der Beleimung ist:

Überlegungsgemäß wird bei gegebener hoher Zerteilung des BM die Ausbildung einer geschlossenen Leimfuge dann negativ beeinflußt, wenn die Gleichmäßigkeit des BM-Auftrages abnimmt. Es werden sich gewisse negative Verhältnisse z.B. dann ausbilden, wenn ein Span eine BM-Menge auf seinen Deckflächen hat, die der rechnerischen spezifischen BM-Menge B_F entspricht, oder diesen Wert sogar übersteigt, aber ein zweiter Span, der mit ihm bei der Verleimung in Kontakt gebracht wird, bedeutend weniger oder gar kein BM auf seinen Deckflächen aufweist.

<u>Auswertung</u>: Auf Grund der getroffenen Feststellungen und angestellten Überlegungen läßt sich die spezielle Problemstellung für die durchzuführenden Untersuchungen wie folgt formulieren:

1. Es ist festzustellen, ob und wieweit bei der Beleimung und Verleimung der Holzspäne zur Holzspanplatte bei einer gegebenen spezifischen BM-Menge B_G das Maximum der Verleimungsfestigkeit erreicht werden kann, d.h. eine geschlossene Leimfuge zwischen den verleimten Spänen ausgebildet werden kann.

2. Es ist zu untersuchen, ob und wieweit die Ausbildung einer geschlossenen BM-Fuge beeinflußt wird:
   a) durch die BM-Zerteilung
   b) durch die BM-Verteilung
   c) durch das Zusammenwirken dieser beiden Faktoren.

2.2 Stand der Technik

Bevor die speziellen Probleme behandelt werden, soll kurz der Stand der Technik der Beleimung von Holzspänen beschrieben werden. Unter zahlreichen Vorschlägen haben folgende drei Beleimungsverfahren bisher bei der Holzspanplattenfabrikation Bedeutung erlangt:

1. Das Walzen-Beleimungsverfahren:

Die prinzipielle Wirkungsweise des Walzen-Beleimungsverfahrens ist dadurch gekennzeichnet, daß in Umwälzung befindliche Späne auf sich drehende Walzen, auf die das BM aufgetragen wird, auftreffen und dabei das BM auf die Oberfläche der Späne übertragen wird.

Das Verfahrungsprinzip ist in Abbildung 2 am Beispiel einer Walzenbeleimungsmaschine nach FAHRNI [12] dargestellt. Die zu beleimenden Holzspäne werden durch Verteilwalzen den Beleimwalzen kontinuierlich zugeführt und durch die gegenläufige Drehung der Zubringerwalzen gleichzeitig umgewälzt. Die Beleimwalzen erhalten mittels Zubringer- und Dosierwalzen einen bestimmten Bindemittelauftrag, der in Anpassung an die gewünschte spezifische BM-Menge B_F und den Spänedurchsatz variiert werden kann. Soweit bekannt ist, wird das Walzenbeleimungsverfahren in der deutschen Holzspanplattenindustrie nicht mehr angewendet.

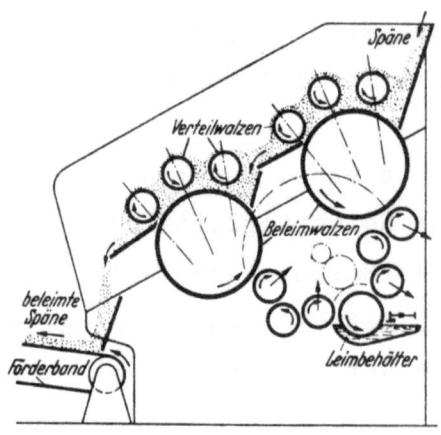

A b b i l d u n g   2

Schematische Darstellung einer Walzen-Beleimungsmaschine nach FAHRNI

2. Das Abstreif-Beleimungsverfahren:

Ein weiteres Beleimungsverfahren, das hier als Abstreif-Beleimungsverfahren definiert werden soll, ist dadurch gekennzeichnet, daß das Spangut in einer Trommel durch Mischwerkzeuge umgewälzt wird und dem Spangut das BM an mehreren Stellen durch geeignete Einrichtungen zugeführt wird. Die Verteilung und Zerteilung des BM wird vornehmlich durch einen Abstreif- bzw. Wischeffekt insofern erreicht, als die der Beleimungsstelle zugeführten Späne eine über den rechnerischen Wert erhöhte BM-Menge B_F erhalten und sodann beim Umwälzen durch Gleiten der Spanoberflächen aneinander die überschüssige B_F von den im Überschuß beleimten Spänen auf andere übertragen wird.

Die Abbildung 3 zeigt eine Abstreif-Beleimungsmaschine (Bauart Lödige), bei der das BM durch einen Zentrifugalzerstäuber eingebracht wird und die Späne durch pflugscharartig geformte Schaufeln in einer Trommel umgewälzt werden.

Soweit bekannt ist, werden derartige Beleimungsmaschinen vorwiegend für die Beleimung von Holzspänen mit größerer Dicke und damit geringerer spezifischer Oberfläche verwendet. Die Maschinen werden wahlweise für kontinuierlichen und diskontinuierlichen Betrieb gebaut.

A b b i l d u n g 3
Ansicht einer Abstreif-Beleimungsmaschine (Bauart Lödige)

3. Das Sprüh-Umwälz-Beleimungsverfahren:

Bei der Beleimung der Späne nach dem Sprüh-Umwälz-Beleimungsverfahren wird das BM mit Hilfe von Druckluft-Düsen in feine Tröpfchen zerteilt auf die Späne, die durch geeignete Vorrichtungen umgewälzt werden, aufgesprüht. Durch günstige Ausbildung der Sprühdüsen und des Umwälzvorganges kann eine weitgehende Zerteilung und eine gute Verteilung des BM erreicht werden. Während des Umwälzvorganges tritt auch bei diesem Beleimungsverfahren ein Abstreifeffekt wie bei den nach dem Abstreifverfahren arbeitenden Maschinen auf, der aber nur eine sekundäre Rolle spielt. Die Wirkungsweise des Sprüh-Umwälz-Beleimungsverfahrens soll an einer Laboratoriumsmaschine, aus der die anderen gebräuchlichen Ausführungen entwickelt wurden, beschrieben werden [14]: Die Holzspäne befinden sich in einer Drehtrommel mit sechseckigem Querschnitt. Beim Drehen der Trommel werden die Späne so umgewälzt, daß sie an den Trommelwänden nach oben getragen werden und dann in Form eines "Spänevorhanges" nach unten fallen (s. Abb. 4). Das BM wird auf den "Späne-Vorhang" mittels einer Druckluftdrüse fein zerteilt aufgesprüht. Die Düse ist schwenkbar angeordnet, so daß der Sprühkegel den Spänevorhang über die ganze Länge der Trommel bestreicht. Bei dieser Laboratoriums-Beleimungsmaschine, die für die Durchführung der später beschriebenen Untersuchungen verwendet wurde, kann sowohl der Zerteilungsgrad des BM durch die Ausführungsform der Düse verändert werden als auch die BM-Verteilung durch die Umwälzgeschwindigkeit sowie die Beleimungsdauer variiert werden.

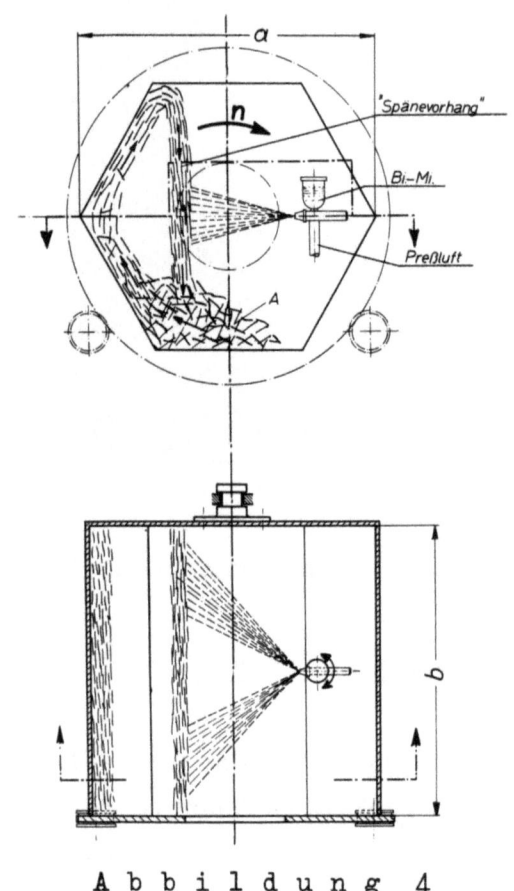

Abbildung 4

Schematische Darstellung der Laborausführung einer
Sprüh-Umwälz-Beleimungsmaschine

Eine technische Ausführungsform des Sprüh-Umwälzverfahrens zeigt im Schema die Abbildung 5. Das Prinzip entspricht dem der Laboratoriumsmaschine, jedoch werden hierbei die Späne nicht in einer Drehtrommel, sondern in einem Trog durch Rührarme umgewälzt. Auch bei dieser Maschine können durch Variation der Düsen, des Spänestromes, der Beschaffenheit des Spangutes und anderer maßgeblicher Faktoren die Beleimungsverhältnisse variiert werden.

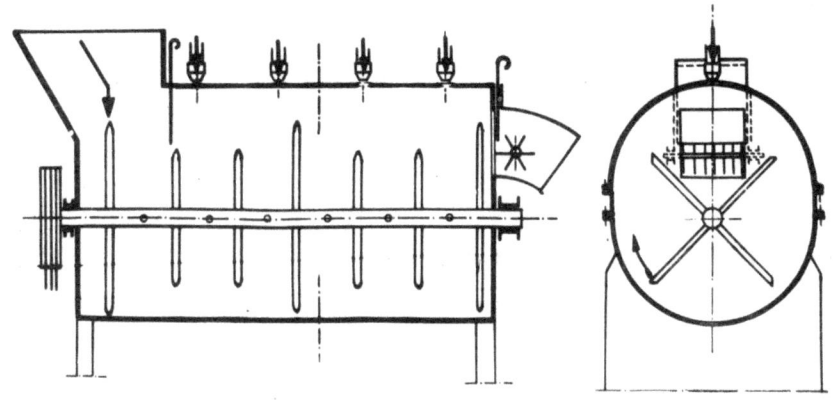

Abbildung 5
Schematische Darstellung einer Sprüh-Umwälz-Beleimungsmaschine (Bauart Drais)

2.3 Bedeutung der Bindemittel-Zerteilung beim Sprüh-Umwälz-Beleimungsverfahren

2.31 Einfluß der Bindemittel-Zerteilung auf die Ausbildung einer geschlossenen Bindemittel-Fuge

Beim Sprüh-Umwälz-Beleimungsverfahren in der Laborausführung wird das BM mittels Preßluftdüsen in kugelförmige Tröpfchen zerteilt und in dieser Form auf die Oberfläche der sich in Umwälzung befindlichen Holzspäne aufgesprüht. Beim Auftreffen auf den Spanoberflächen werden die kugelförmigen Tropfen auf Grund ihrer flüssig-viskosen Beschaffenheit und der ihnen mitgeteilten Bewegungsenergie abgeflacht und nehmen dabei die Form eines Rotationsellipsoids mit den Halbachsen R und a an [15] (s. Abb. 6). Dabei wird die Form der abgeplatteten Tröpfchen durch die morphologische Eigenart der Spanoberflächen noch zusätzlich beeinflußt.

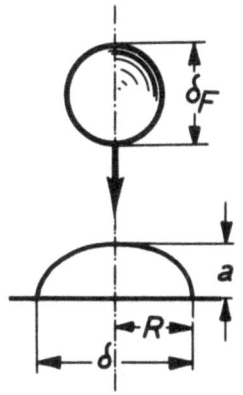

Abbildung 6
Abplatten des Tröpfchens in Form eines Rotationsellipsoids

Der Zerteilungsgrad des BM kann als die Oberfläche der aus 1 $[cm^3]$ BM-Lösung gebildeten kugelförmigen Tröpfchen definiert und damit aus dem Durchmesser der Tröpfchen δ_F errechnet werden. Es ist schwierig, den Durchmesser δ_F der Tröpfchen nach ihrem Austritt aus der Düse zu messen, da sie diese mit einer großen Geschwindigkeit verlassen [15]. Es ist jedoch möglich, den Durchmesser der kugelförmigen Tropfen mittelbar aus den Abmessungen des Rotationsellipsoids, der sich nach ihrem Auftreffen auf einer glatten Fläche ausbildet, zu berechnen. Infolge der Identität des Volumens des kugelförmigen Anfangstropfens mit dem des Rotationsellipsoids ergibt sich die Gleichung:

$$\delta_F = 2 R \sqrt[3]{c/2} \qquad (3)$$

Das Achsenverhältnis des Rotationsellipsoids geht als $c = a/R$ in die Gleichung ein. Für eine 50 %ige wässrig-kolloide Lösung eines Harnstoff-Formaldehyd-Harzes (Urecoll F spezial) wurde c mikroskopisch zu 0,3 ermittelt; c ist unabhängig vom Durchmesser der Primärtröpfchen.

Setzt man diesen Wert in die Gleichung (3) ein, so ergibt sich

$$\delta_F = 1{,}34 \cdot R \qquad (3a)$$

Diese Beziehung erlaubt es, den Durchmesser der kugelförmigen Tröpfchen aus dem Radius R des Rotationsellipsoids zu ermitteln, so daß also auch die Oberfläche der Tröpfchen nach ihrem Austritt aus der Düse, d.h. der Zerteilungsgrad des BM berechnet werden kann.

In den weiteren Betrachtungen wurde jedoch als Maßzahl für den Zerteilungsgrad der Durchmesser $\delta = 2 R$, der sich in Form eines Rotationsellipsoids abgeplatteten Tröpfchen verwendet, da diese Größe ohne Umrechnung direkt experimentell bestimmt werden konnte.

Unter Zugrundelegung dieser Verhältnisse läßt sich in Form einer Arbeitshypothese ableiten, welcher Zerteilungsgrad eingestellt werden müßte, um nach dem Aufbringen der BM-Lösung die gesamte Oberfläche eines Spanes lückenlos mit BM zu bedecken. Um diese Rechnung durchführen zu können, muß allerdings vorausgesetzt werden, daß die Tröpfchen alle den gleichen Durchmesser besitzen und sie bei ihrem Auftreffen auf den Span nicht aufeinanderschlagen und dadurch zu "Sekundär-Tröpfchen" zusammenfließen, sondern stets auf Stellen auftreffen, die noch nicht mit BM bedeckt sind. Ferner muß vorausgesetzt werden, daß nach Beendigung der Beleimung die Tröpfchen lückenlos auf der Oberfläche angeordnet sind. Werden diese Voraussetzungen erfüllt, so muß die Summe der Grundflächen F_T aller als Rotationsellipsoid ausgebildeten Tröpfchen gleich der zu beleimenden Fläche sein. Mit der Anzahl z der Tröpfchen, die aus dem BM-Volumen gewonnen werden, das zur Beleimung von 1 m² Oberfläche zur Verfügung steht, ergibt sich die Beziehung:

$$F_T \cdot z = 10^4 \ [cm^2] \qquad (4)$$

Die Grundfläche F_T des einzelnen aufgeschlagenen Tropfens ergibt sich zu

$$F_T = \pi \cdot R^2 \ [cm^2] \qquad (5)$$

und die Anzahl der Tröpfchen z zu:

$$z = \frac{B_F \cdot 100}{2 \cdot R^3 \cdot \gamma_L \cdot K \cdot \pi} \qquad (6)$$

Durch Einsetzen der Gleichungen (5) und (6) in (4) und anschließendes Auflösen nach δ ergibt sich die Beziehung für den erforderlichen Durchmesser des Rotationsellipsoids δ_{erf}, zu:

$$\delta_{erf} = \frac{B_F \cdot 100}{\gamma_L \cdot K} \cdot 10^{-4} \ [cm] \qquad (7)$$

Nach dem vorn aufgeführten Beispiel ergibt sich ein B_F von 4,3 [p/cm²], wenn 0,25 [mm] dicke Fichten- Späne mit einer B_G von 8 [p/100 g H] beleimt werden. Bei dieser B_F muß nach Gleichung (7) das BM in Tröpfchen von δ_m = 8,2 [µm] zerteilt werden, wenn unter den angenommenen Verhältnissen die Spanoberfläche mit einer zusammenhängenden BM-Schicht bedeckt werden soll.

Da nach Gleichung (7) die zur Ausbildung eines geschlossenen BM-Films erforderliche Zerteilung des BM von der gegebenen B_F beeinflußt wird, können durch Einsetzen der Gleichung (2) die Spandicke und die Rohwichte der Holzart in die Beziehungen gebracht werden.

In der Tabelle 1 sind die erforderlichen Tröpfchendurchmesser δ_{erf} eingetragen, die bei verschiedenen Holzarten und unterschiedlichen B_G ausgebildet werden müßten, um die gesamte Spanoberfläche mit einer zusammenhängenden Bindemittelschicht zu versehen.

Tabelle 1

δ_{erf} [µm] für verschiedene Holzarten und B_G

Holzart	Fichte			Kiefer			Buche		
B_G / d[mm]	6	8	10	6	8	10	6	8	10
0,15	3,6	5,0	6,0	4,2	5,6	6,8	6,6	9,0	11,4
0,25	6,0	8,2	10,4	6,8	9,0	11,6	11,7	15,0	18,6
0,50	12,2	16,4	20,6	14,0	18,2	23,2	23,4	30,0	37,4

Bei der Ableitung sind nicht die Vorgänge in Rechnung gesetzt worden, die bei der anschließenden Verleimung zweier beleimter Spanflächen die Ausbildung einer geschlossenen BM-Fuge günstig beeinflussen.

Wie schon vorher beschrieben, werden die Tröpfchen beim Verleimungsvorgang unter Aufwendung von Druck und Wärme flächig verbreitert und damit der Anteil der mit BM versehenen Fläche vergrößert. Ferner wurde nicht in Rechnung gestellt, daß beim Berühren zweier beleimter Spanflächen durch die gegenseitige Überdeckung der BM-Zonen der beiden Spanseiten die Fehlstellen kompensiert werden und so die Geschlossenheit der BM-Fuge verbessert wird. Diese beiden sich addierenden Faktoren bewirken, daß sich eine geschlossene Leimfuge auch schon dann ausbildet, wenn das BM weniger fein zerteilt wird als $\delta = 8,2$ [µm]. Daraus ergibt sich, daß die Tröpfchen grundsätzlich größer als der rechnerische Wert sein können.

Die begünstigenden Faktoren können rechnerisch nur schwer erfaßt werden. Es soll deshalb nur der Einfluß der Plastifizierbarkeit und die sich daraus ergebende flächige Verbreitung der Tröpfchen beim Verpressen zweier beleimter Spanflächen berücksichtigt werden: Nimmt man an, wie es auch aus experimentellen Beobachtungen zu entnehmen war, daß der Rotationsellipsoid, der der Rechnung zu Grunde gelegt wurde, sich um ca. 30 % seiner Grundfläche vergrößert, so reicht schon eine Zerteilung des BM in Tröpfchen von $\delta = 12 \ [\mu m]$ aus, um die ganze Spanoberfläche mit BM zu bedecken.

Würde man zusätzlich die gegenseitige Überdeckung der Tröpfchen berücksichtigen, so würde ein noch größerer Tröpfchendurchmesser zur Ausbildung einer zusammenhängenden Fuge ausreichend sein.

Die theoretische Ableitungen treffen in der Praxis jedoch nicht oder nur in einem gewissen Umfange zu, da die Voraussetzung, daß die Tröpfchen nur auf Stellen der Spanoberfläche aufschlagen, auf denen noch kein BM vorhanden ist, in der Praxis nicht erfüllt wird. Die Tröpfchen schlagen auch mehr oder weniger aufeinander auf oder so dicht nebeneinander, daß sie zu "Sekundärtröpfchen" zusammenfließen und damit nicht mehr in ihrer Originalform vorliegen. Weiterhin ist es auch nicht möglich, bei der Zerteilung des BM mit Preßluftdüsen stets Tröpfchen gleicher Größe zu erhalten [15]. Die Größe der aus einer Spritzpistole ausgebrachten Tröpfchen streut, so daß mit dem Mittelwert δ_m ihres Durchmessers gerechnet werden muß.

Durch diese theoretische Behandlung der Probleme sind jedoch schon gewisse Hinweise dafür gewonnen worden, bis zu welcher Größenordnung das BM zerteilt werden muß, so daß diese Erkenntnisse dazu dienten, in einem Modellsystem experimentell zu prüfen, ob und inwieweit diese Ergebnisse reell sind oder welche Vorgänge und Erscheinungen unter experimentellen Bedingungen zusätzlich zu bewerten sind.

2.311 Modellversuche

Die Gültigkeit der abgeleiteten Beziehungen ist nur schwer an dem komplizierten System der Beleimung und Verleimung von Holzspänen nachzuweisen. Man kann zwar die auf die Spanoberfläche aufgeschlagenen BM-Tröpfchen in ihrer Größe und Form mikroskopisch ermitteln, insbesondere wenn das BM angefärbt wird, es ist jedoch schwierig, nach dem Verpressen zweier beleimter Späne festzustellen, wie groß der mit BM versehene Anteil an der Gesamtfläche ist [16]. Durch Beimischen radioaktiver Substanzen zur BM-Lösung und anschließendes Auflegen der verleimten Späne auf einem Röntgenfilm, wurde versucht, ein Bild der Bindemittelfuge zu erhalten. Da jedoch die Strahlung der beigegebenen

radioaktiven Substanz streut und die BM-Fuge um die Dicke des Spanes
über dem Film liegt, konnte kein brauchbares Ergebnis erzielt werden.

Zur experimentellen Bestätigung der Ergebnisse wurde daher folgendes
Modellsystem gewählt: Die angefärbte Lösung des Harnstoffharzes Urecoll
F spezial wurde mittels einer Dekorier-Spritzpistole auf durchsichtige
Träger - Glasscheiben und Polyäthylenfolien - verschieden fein zerteilt
(δ_m = 8 [μm] und 35 [μm]) aufgesprüht, bis entsprechend dem früher
angegebenen Beispiel eine B_F von 4,3 [p/m^2] erreicht war. Während des
Beleimungsvorganges wurde das Bild der aufgetroffenen BM-Tröpfchen beobachtet und bewertet. Nach Beendigung der Beleimung wurden die Glasscheiben mit den Polyäthylenfolien in Anlehnung an die Bedingungen der
technischen Herstellung von Holzspanplatten mit ihren beleimten Flächen verpreßt. Die Versuchsdurchführung ist im experimentellen Teil
näher beschrieben.

Die Ergebnisse dieser Versuche sind in Abbildung 7 dargestellt. Die
Abbildungen 7/1a und 7/1b zeigen die Form der aufgeschlagenen Tröpfchen
zu Beginn des Beleimungsvorganges. Bei der hier noch sehr geringen B_F
von 0,5 [p/m^2] liegen die Tröpfchen noch in ihrer Originalform vor, so
daß ihr Durchmesser δ mikroskopisch ermittelt werden kann. Wie schon
dargelegt, wird keine einheitliche Tröpfchengröße erzielt, so daß mit
dem Mittelwert der Durchmesser δ_m gerechnet werden muß.

Durch weiteres Aufsprühen von BM wurde die spezifische BM-Menge B_F
erhöht und hierbei beobachtet, daß zwar der Anteil der beleimten Fläche
anstieg, dabei aber die Tröpfchen aufeinander treffen bzw. so dicht
zusammenfallen, daß sie zu "Sekundär-Tröpfchen" zusammenfließen. Die
Abbildungen 7/2a und 7/2b zeigen diesen Zustand des BM-Auftrages nach
Beendigung des Beleimungsvorganges. Im Gegensatz zu der hypothetischen
Berechnung hat sich also kein zusammenhängender BM-Film ausgebildet,
da die Voraussetzung, daß kein Tröpfchen auf ein anderes aufschlägt,
nicht erfüllt wird, sondern sich "Sekundär-Tröpfchen" ausbilden.

Trotzdem beeinflußt die Zerteilung des BM die Beleimung der Späne maßgeblich. Bei der sehr feinen Zerteilung (δ_m = 8 [μm]) ist das Verhältnis der beleimten zur unbeleimten Fläche bedeutend größer als bei der
weniger feinen (δ_m = 35 [μm]). Aus überschlägiger Berechnung ergibt
sich, daß der Anteil der beleimten Fläche an der Gesamtfläche bei der

sehr feinen Zerteilung gemäß Abbildung 7/2a ca. 60 % beträgt, während der entsprechende Anteil bei der weniger feinen Zerteilung gemäß Abbildung 7/2b nur bei 35 % liegt.

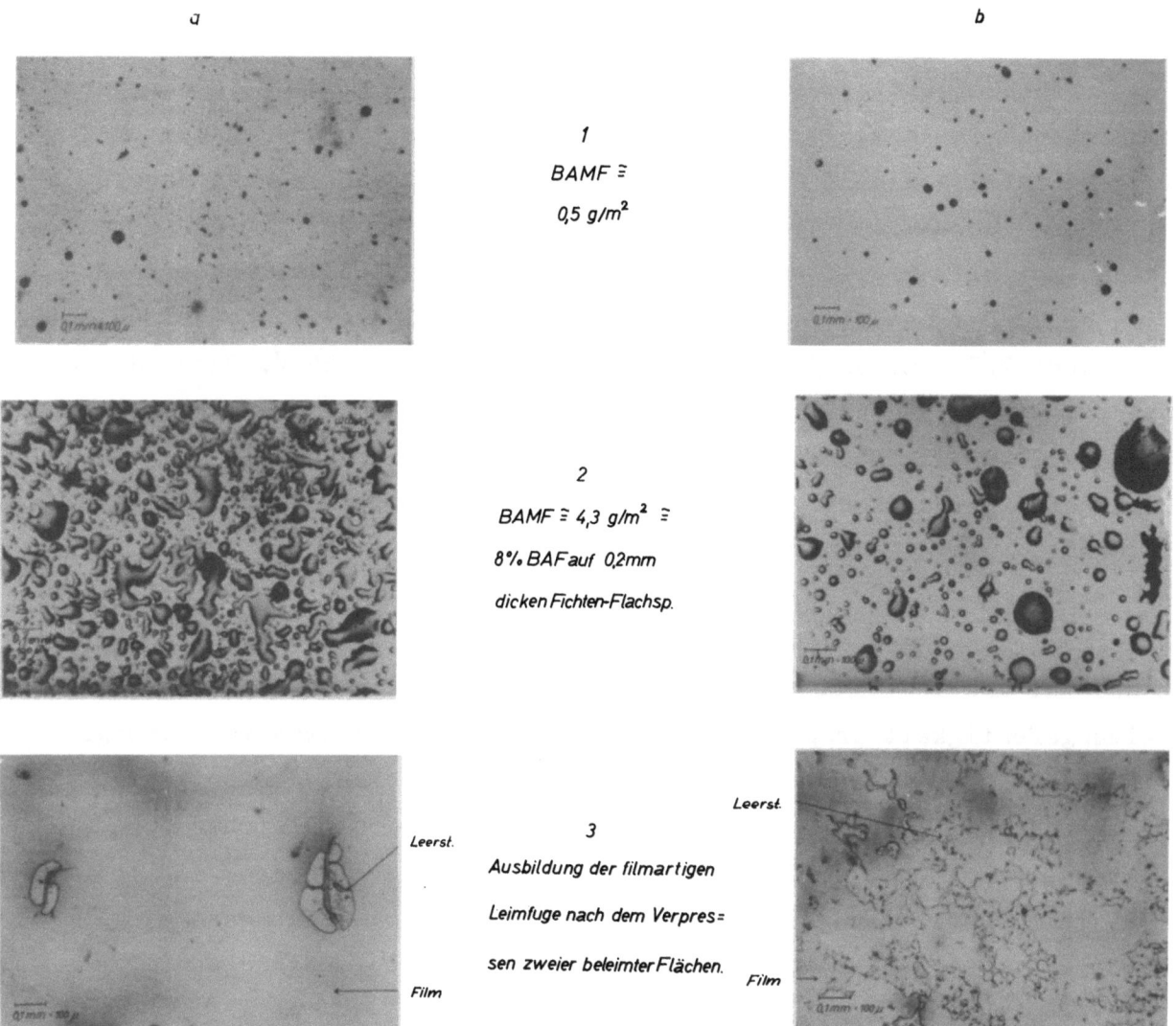

Abbildung 7
Einfluß des Zerteilungsgrades auf die Ausbildung einer geschlossenen Leimfuge beim Sprühbeleimungsverfahren

Damit ist nachgewiesen, daß unter Berücksichtigung der vorn genannten Faktoren bei der Ausbildung einer geschlossenen BM-Schicht bzw. BM-Fuge der Größe der Originaltröpfchen Bedeutung zukommt.

Um diese Einflußgrößen noch näher zu kennzeichnen, wurden die Verhältnisse nachgeahmt, die sich bei der Verleimung von Holzspänen ausbilden.

Auf die beleimten Glasplatten wurde je eine gleichartig und gleichwertig beleimte Polyäthylenfolie aufgelegt und dann die Träger unter Bedingungen, die der Verleimung der Späne zu Holzspanplatten entsprechen (Preßdruck = 8 [kp/cm^2], 150° C), zu Modellkörpern verpreßt. Die erzielten Versuchsergebnisse sind in den Abbildungen 7/3a und 7/3b dargestellt. Man erkennt in Abbildung 7/3a, daß sich nach dem Verpressen der BM-Träger, auf die das BM sehr fein zerteilt aufgebracht worden war, sich eine fast lückenlose Fuge ausgebildet hat, während bei der weniger feinen Zerteilung gemäß Abbildung 7/3b deutliche Fehlstellen erkenntlich sind. Der Anteil der beleimten Fläche zur Gesamtfläche betrug bei Abbildung 7/3a ca. 90 %, der bei Abbildung 7/3b ca. 55 %. Durch diese experimentelle Feststellung wurde also der Einfluß der BM-Zerteilung und der Größe der Sekundärtröpfchen auf die Geschlossenheit der BM-Fuge unter Berücksichtigung der begünstigenden Faktoren bestätigt gefunden.

Überträgt man diese sich aus den Modellversuchen ergebenden Verhältnisse auf die Verleimung zweier Späne und nimmt man an, daß die Verleimungsfestigkeit proportional dem Anteil der wirksamen Verleimungsfläche an der Überlappungsfläche ist, so ergibt sich, daß bei der weniger feinen Zerteilung des BM (δ_m = 35 [µm]) bei gleicher spez. BM-Menge B_F nur ca. 60 % der Festigkeit ausgebildet werden, die bei der sehr feinen Zerteilung von δ_m = 8 [µm] vorliegt. Das eingesetzte BM wurde also bei der weniger feinen Zerteilung in nur ungenügendem Maße zur Verleimung genutzt.

Wenn auch die Ergebnisse der Modellversuche nicht direkt und quantitativ auf die Verhältnisse bei der Beleimung und Verleimung von Holzspänen übertragbar sind, so bestätigen sie doch, daß die Zerteilung des BM die Ausbildung einer geschlossenen Leimfuge grundlegend mitbestimmen wird, selbst wenn die Morphologie des Holzes und die besondere Struktur der Oberfläche der Späne nicht berücksichtigt werden.

2.312 Übertragbarkeit der Ergebnisse der Modellversuche - Einfluß der Morphologie der Holzspäne

Die bei den Modellversuchen erzielten Ergebnisse sind nur zum Teil auf das Verleimungssystem von Holzspänen zu übertragen, da u.a. zusätzlich die besonderen physikalischen und morphologischen Eigenschaften des Holzes bzw. der Holzspäne berücksichtigt werden müssen.

Holz ist ein natürlicher Werkstoff, der aus parallel gelagerten, röhrenförmigen Zellenelementen, besonders den Festigungselementen, d.h. den Tracheiden bei Nadelholz und Sklerenchymfasern bei Laubholz, gebildet wird. Am Aufbau des Holzes sind ferner Parenchymzellen und beim Laubholz die weitlumigen Gefäßzellen beteiligt. Bekanntlich sind die Festigungselemente in ihrer parallelen Anordnung zur Stammachse radial über den Stammquerschnitt anatomisch differenziert, z.B. typisch in den Frühholz- und Spätholzzonen der Nadelhölzer.

Grundsätzlich wird bei der Herstellung von Holzspänen das Holz faserparallel zerspant. Im Ablauf der technischen Zerspanung treten allerdings gewisse Abweichungen der Schnittrichtung vom Faserverlauf auf. Aus der Morphologie des Holzes und auch der angewendeten Zerspanungstechnik resultiert die besondere Beschaffenheit der Oberflächen der Späne. Die Späne besitzen keine glatten Oberflächen, da bei der Zerspanung die einzelnen hohlen Zellen an- bzw. aufgeschnitten werden.

Hierdurch ergibt sich grundsätzlich für die Oberfläche von Holzspänen aller Holzarten eine Struktur, wie sie in Abbildungen 9 und 10 schematisch dargestellt ist. Die Struktur der Oberfläche wird von der Anatomie der verwendeten Holzarten, d.h. vorwiegend vom Durchmesser und Lumen der Fasern, die das Festigungsgewebe der Nadel- und Laubhölzer bilden, beeinflußt.

Dabei ist bei den Laubhölzern noch der besondere Einfluß der weitlumigen Gefäße zusätzlich zu berücksichtigen. Aus den schematischen Zeichnungen in den Abbildungen 9 und 10a ist zu ersehen, daß die Tiefe und Breite der Abschnitte in Form von Zylinderabschnitten, die durch das Anschneiden der Zellen entstehen, bei Fichtenholz zwischen 10 und 40 [μm] und bei Rotbuchenholz (Abb. 10a) zwischen 5 und 18 [μm] liegt. Bei der Buche ergeben sich durch Aufschneiden von Gefäßen noch zusätzlich größere muldenförmige Vertiefungen in der Spanoberfläche bis zu 90 [μm].

Neben der Anatomie des Holzes beeinflußt zusätzlich der technische
Zerspanungsvorgang die Beschaffenheit der Spanoberflächen. So werden
z.B., wie Abbildung 8 zeigt, insbesondere durch nicht genügend scharfe
Zerspanungsmesser faserige Bestandteile des Holzes aus dem Verband
herausgerissen und dadurch die Geschlossenheit der Spanoberflächen
weiterhin vermindert, so daß die Späne hierdurch eine gewisse Rauhigkeit erhalten.

Abbildung 8
Rauhigkeit der Oberflächen von Fichtenspänen, bedingt durch nicht genügend scharfe Zerspanungsmesser

Sprüht man auf die in ihrer Beschaffenheit gekennzeichnete Spanoberfläche BM-Lösung auf, so ist nicht zu erwarten, daß ein auf diese
Oberfläche aufgeschlagendes Tröpfchen die ideale Form eines Rotationsellipsoids wie bei den Modellversuchen annimmt. Um die sich hier ausbildenden Erscheinungen zu bewerten, wurde auf Späne aus Lärchenholz
(Larix europea), die aus 0,3 mm dickem, sorgfältig faserparallel und
glatt geschnittenem Messerfurnier hergestellt waren, eine 50 %ige
BM-Lösung eines technischen Harnstoff-Formaldehyd-Harzes (Urecoll F
spezial) aufgesprüht. Die Lösung, die bei 20° C eine Viskosität von
ca. 1500 [cP] hatte, wurde in Tröpfchen mit einem mittleren Durchmesser von $\delta_m = 8$ [μm] zerteilt und eine BM-Menge B_F von 4,3 [p/m^2]
wie bei den Modellversuchen aufgebracht. Durch Anfärben des BM war es

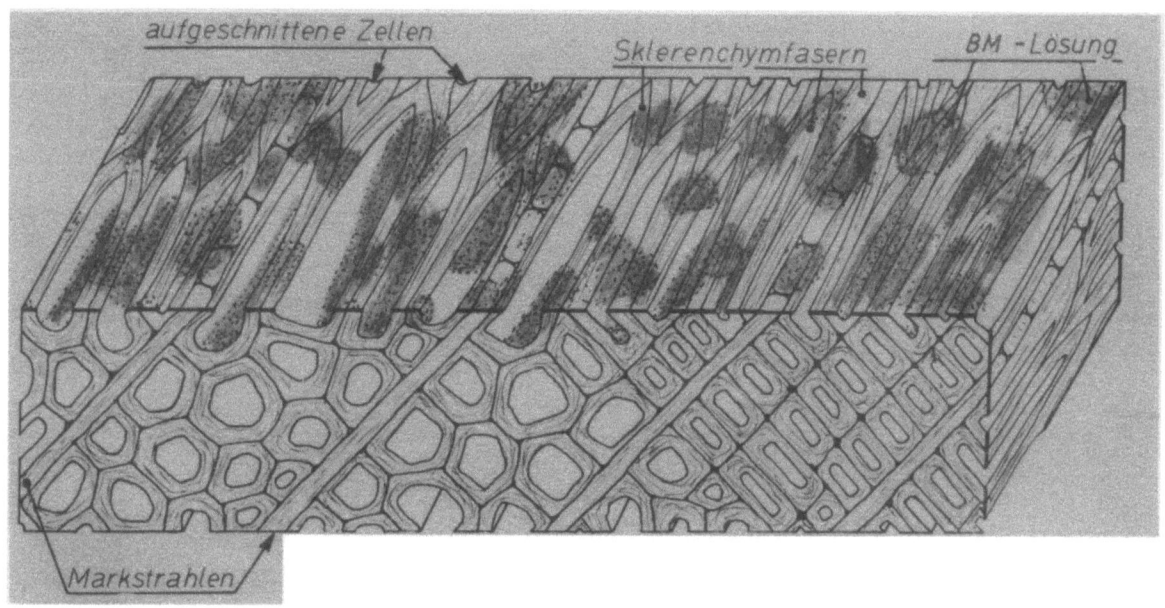

A b b i l d u n g   9a
Schematische Darstellung der beleimten Oberfläche
eines Nadelholzspans (Fichte)

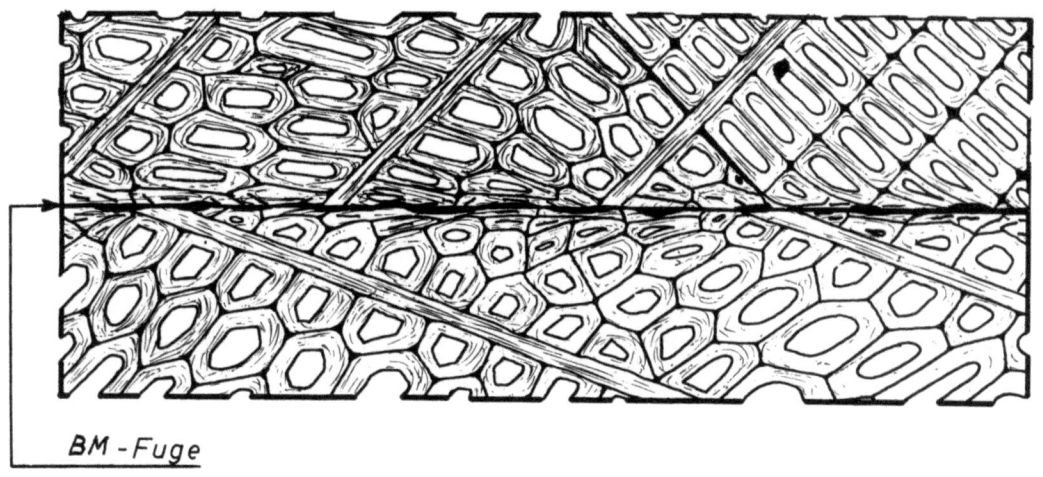

A b b i l d u n g   9b
Ausbildung der BM-Fuge

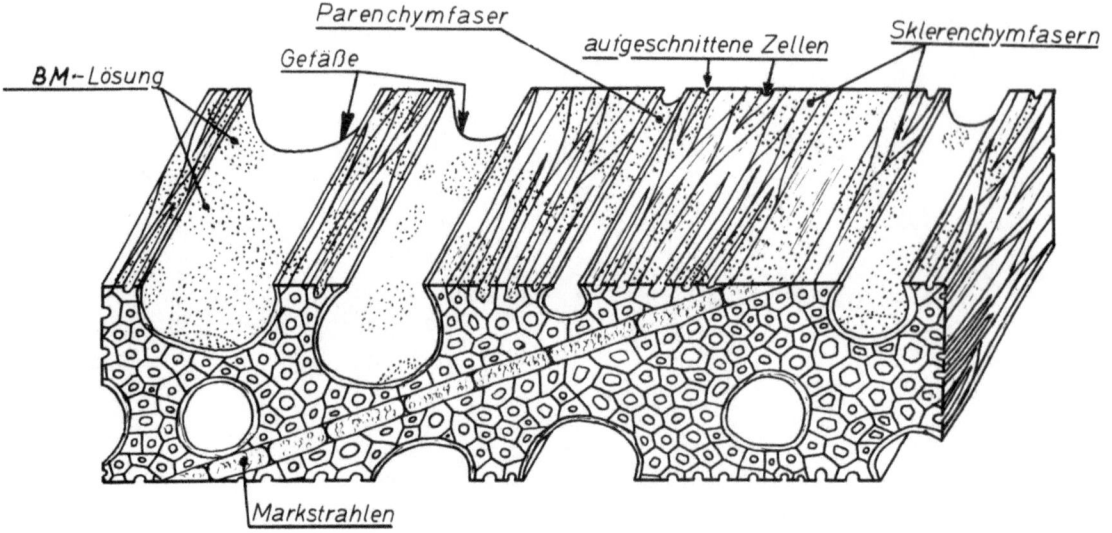

Abbildung 10a

Schematische Darstellung der beleimten Oberfläche eines Laubholzspans (Buche)

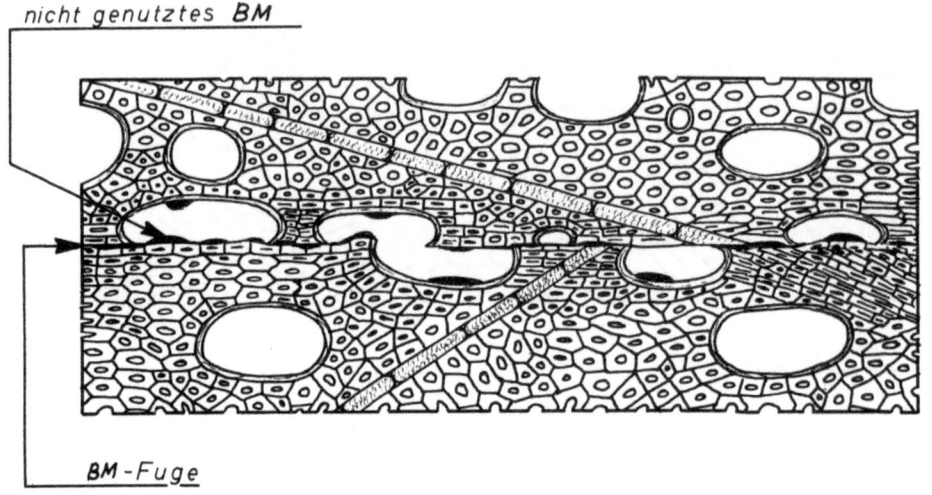

Abbildung 10b
Ausbildung der BM-Fuge

möglich, die sich beim Aufsprühen der BM-Lösung auf die Spanoberfläche ausbildenden Verhältnisse mikroskopisch zu bewerten. Abbildung 11 zeigt, daß die aufgeschlagenen Tropfen ebenfalls als Sekundärtropfen vorliegen, wobei diese sich jedoch in getreckten Zonen auflagern, deren Form durch das Auslaufen der BM-Lösung in Richtung der Zellumina bestimmt wird. Es zeigt sich also ein ganz anderes Bild des BM-Auftrages als bei der Besprühung der Glasplatten bei den Modellversuchen.

A b b i l d u n g 11
Bindemittelauftrag von 4,3 p/m^2 auf einen Lärchenspan

Zugleich ist ein anderer wesentlicher Unterschied feststellbar: Während die auf der glatten Oberfläche der Glasplatten befindlichen Tröpfchen alle in einer Ebene liegen, lagert das auf die Späne aufgesprühte BM teilweise auf den angeschnittenen Zellwänden und teilweise in den aufgeschnittenen Hohlräumen. Diese Verhältnisse sind in den Abbildungen 9a und 10a auf Grund mikroskopischer Beobachtungen schematisch dargestellt worden, da sie photographisch nicht so eindeutig wiedergegeben werden konnten. Die Erscheinungen, die beim Auftragen des BM auf die Oberfläche von Holzspänen erfaßt wurden, können im Vergleich mit den Verhältnissen, wie sie bei den Modellversuchen beobachtet wurden, für die Ausbildung einer geschlossenen BM-Fuge vorerst als nachteilig angesprochen werden. Wenn auch die Bildung von gestreckten BM-Zonen in Faserrichtung in einem gewissen Umfange als positiver Faktor angesehen werden kann, so wird doch die Tatsache, daß das BM auf der Spanoberfläche nicht in einer Ebene gelagert ist, sondern teilweise in die aufgeschnittenen Zellen einläuft, die Ausbildung einer geschlossenen BM-Fuge negativ beeinflussen.

Nach Kennzeichnung der Beleimungsverhältnisse war zu prüfen, wie sich diese Erscheinungen bei der Verleimung der Späne auswirken: Bei der Herstellung von mittelschweren Holzspanplatten im Rochwichtebereich von 0,5 bis 0,7 $[p/cm^3]$ tritt in den Überlappungszonen der Späne ein Verleimungsdruck von etwa 8 bis 25 $[kp/cm^2]$ auf. Durch diesen verhältnismäßig hohen Druck, der senkrecht zur Faserrichtung des Holzes einwirkt, werden - wie aus den Farbfotos der Abbildungen 12 und 13 zu entnehmen ist - die Späne verformt, wobei im allgemeinen die Querdruckfestigkeit der einzelnen Zellen, besonders aber die Wände derjenigen Zellen, die an der Spanoberfläche in angeschnittener Form vorliegen, überschritten wird. Dadurch wird erreicht, daß die Oberflächen zweier sich berührender Späne verstärkt in Kontakt gebracht werden und so dennoch die Ausbildung einer mehr oder weniger großen Verleimungsfläche erzielt wird. Diese Verhältnisse sind aufbauend auf den Abbildungen 9a und 10a in den Abbildungen 9b und 10b schematisch dargestellt worden, während sie durch die Fotos in den Abbildungen 12 und 13 direkt belegt werden. Durch diese Verpressung und Verformung der Außenzonen der Späne wird also erreicht, daß der größte Teil des sich innerhalb der aufgeschnittenen Zellumina befindlichen BM in die Verleimungsebene gepreßt und damit für die Verleimung wirksam gemacht wird. Hierdurch werden ferner, wie bei den Modellversuchen, die Zonen, die mit BM versehen sind, flächig vergrößert. Außerdem wird in diesem System auch eine Vergrößerung der Verleimungszonen und damit eine größere Wirksamkeit der BM-Fuge dadurch bewirkt, daß die mit BM versehenen Zonen der beiden in Kontakt gebrachten Spanoberflächen sich gegenseitig überdecken.

Die flächige Verbreiterung der BM-Zonen wird allerdings im Vergleich mit den Modellversuchen dadurch nachteilig beeinflußt, daß die relativ trockenen Späne (u = 3 bis 4 %) auf Grund der hygroskopischen Eigenschaften des Holzes der wässrig-kolloiden BM-Lösung Wasser entziehen. Hierdurch kann die Konzentration der BM-Lösung von anfangs 50 % bis zu 70 % ansteigen [17], so daß ihr Volumen verringert und noch dazu ihre Viskosität erhöht wird.

Wenn auch bei der Verleimung von Holzspänen die gekennzeichneten Faktoren die Ausbildung einer geschlossenen BM-Fuge in gewissem Umfange nachteilig beeinflussen, so werden sich im allgemeinen doch ähnliche Verhältnisse wie bei den Modellversuchen ausbilden. Es wird jedoch im allgemeinen nicht möglich sein, das gesamte BM für die Verleimung voll wirksam zu machen, da ein Teil des BM aus den muldenförmigen Vertiefungen der Spanoberflächen nicht in die Verleimungsebene gepreßt werden kann. Größere Verluste an BM werden z.B. dann eintreten, wenn bei einem Laubholzspan verhältnismäßig weitlumige Gefäße angeschnitten sind, in denen sich das BM befindet. In diesem Falle ist es dann nicht möglich, das in das aufgeschnittene Gefäß eingelaufene BM voll zu nutzen, weil der Span in seinen Außenzonen nicht soweit verformt wird, daß der Boden des angeschnittenen "Gefäßrohres" in die Verleimungsebene gelangt (s. Abb. 10b und 13).

A b b i l d u n g 12   A b b i l d u n g 13
Ausbildung der BM-Fuge und Verformung der Spanoberflächen bei
Holzspanplatten

Mikrotomschnitt durch eine Holz-   Mikrotomschnitt durch eine Holzspanplatte (r_u = 0,6 [p/cm^3]) aus spanplatte (r_u = 0,6 [p/cm^3]) aus
Fichtenspänen (135 : 1)   Buchenspänen (28 : 1)

Ein weiterer Verlust von BM kann dadurch entstehen, daß bei einem nicht vollkommen faserparallel geschnittenen Span das BM in die zur Spanoberfläche schräg verlaufenden Zellen durch Kapillarkräfte eingesogen oder hineingepreßt wird [16]. Wenn auch ein gewisser Verlust an Bindemittel durch sein Verbleiben in Zellhohlräumen entstehen kann, so ist doch ein Eindringen der hochviskosen BM-Lösung in die unbeschädigte Zellwand nicht möglich und konnte auch nicht beobachtet werden [16].

Zusammenfassend kann aus den experimentellen Befunden und ihrer Auswertung abgeleitet werden, daß sich zwar bei der Beleimung und Verleimung von Holzspänen besondere Verhältnisse bilden, daß aber wohl grundsätzlich auch in diesem Falle der Zerteilungsgrad der BM-Lösung eine ähnliche Bedeutung für die Ausbildung einer geschlossenen BM-Fuge haben wird wie bei den Modellversuchen. Die sich hier ausbildenden Verhältnisse sollen noch näher durch die Prüfung der Verleimungsfestigkeit zweier Holzspäne untersucht werden.

2.313 Einfluß der Bindemittelzerteilung auf die Verleimungsfestigkeit von Holzspänen

Bei den Modellversuchen wurde der Einfluß der BM-Zerteilung auf die Ausbildung einer geschlossenen BM-Fuge erfaßt. In diesem System war es jedoch nicht möglich, festzustellen, inwieweit die Verleimungsfestigkeit von der Geschlossenheit der BM-Fuge abhängt. Diese Verhältnisse wurden unter Berücksichtigung der Ergebnisse der Modellversuche ergänzend durch "Analogieversuche", d.h. durch die Ermittlung der Verleimungsfestigkeit zweier Holzspäne in Abhängigkeit von der Bindemittelzerteilung unter Berücksichtigung weiterer Einflußgrößen, insbesondere der spez. BM-Menge B_F näher untersucht. In Anpassung an die Verhältnisse der Holzspanplattenherstellung wurde die Zerteilung des Bindemittels (50 %ige Lösung des Harnstoffharzes Urecoll F spezial) variiert und dabei auch die spez. BM-Menge B_F verändert, so daß sich der Einfluß der Einzelfaktoren sowie ihr Zusammenwirken kennzeichnen ließen.

15 mm breite und 0,3 mm dicke Späne aus faserparallelem Lärchenholz-Furnier wurden in einer 3 mm langen Überlappungszone miteinander verleimt und anschließend die Schubfestigkeit der Leimfugen der hergestellten Proben (s. Abb. 14) bestimmt. Bei den Versuchen wurde der Zerteilungsgrad des BM zu $\delta_m = 8$ [μm] und 35 [μm] eingestellt und die B_F im Bereich von 0,5 bis 0,9 [p/m^2] variiert. In Anlehnung an technische Verhältnisse der Holzspanplattenherstellung werden die Späne mit einem Preßdruck von 8 [kp/cm^2] bei einer Temperatur von 150° C verleimt. Hinsichtlich der speziellen Versuchsdurchführung sei auf den experimentellen Teil verwiesen (6.1).

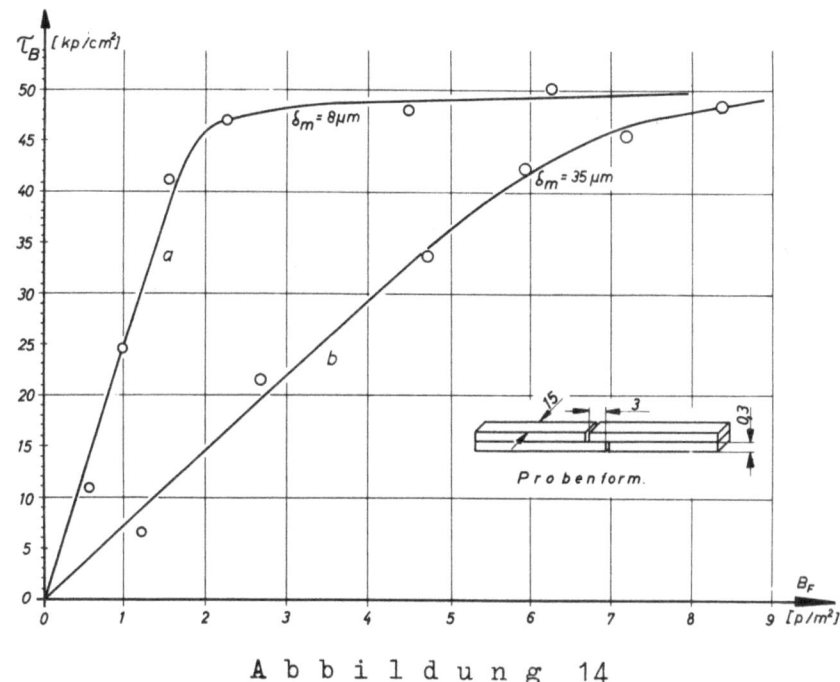

Abbildung 14

Bruchspannung von einfach überlappten Scherproben in Abhängigkeit von der spez. BM-Menge bei verschiedener Tröpfchengröße δ_m

Zur Auswertung der Versuche sind die Ergebnisse der Festigkeitsprüfung in Abbildung 14 dargestellt. Die Schubfestigkeit der Leimfuge ist über der B_F und dem Tröpfchendurchmesser als Parameter aufgetragen worden. Die Kurve a für δ_m = 8 [µm] und die Kurve b für δ_m = 35 [µm] steigen bis zu einer gewissen B_F linear an. Durch eine weitere Erhöhung der B_F wird dann die Festigkeit nicht mehr wesentlich erhöht. Auffällig beim Verlauf der beiden Kurven ist, daß bei Kurve a die Festigkeit viel stärker mit ansteigender B_F zunimmt als bei Kurve b und weiterhin bei beiden Kurven zwar das gleiche Maximum der Festigkeit der Leimfuge erreicht wird, allerdings bei verschiedener B_F. Das lineare Ansteigen der Leimfugen-Festigkeit mit zunehmender B_F ist darauf zurückzuführen, daß sich der Anteil der mit BM bedeckten Spanoberfläche erhöht. Bei der feineren Zerteilung des BM wächst der Anteil der mit BM versehenen Fläche jedoch viel stärker an als bei der weniger feinen Zerteilung, so daß bei Kurve a das Maximum der Schubfestigkeit und damit voraussichtlich die Ausbildung einer geschlossenen BM-Fuge schon bei einer B_F von ca. 2,5 [p/m^2] erreicht wird, während sich bei Kurve b dieses Optimum erst bei ca. 8 [p/m^2], d.h. bei dem 3,2fachen Wert für B_F einstellt.

Hierdurch wird bestätigt, daß der durch die Modellversuche ermittelte Einfluß der BM-Zerteilung auf die Ausbildung einer geschlossenen BM-Fuge auf die Beleimung und Verleimung von Holzspänen übertragen werden kann, selbst wenn sich Sekundärtröpfchen ausbilden.

Berücksichtigt man die technisch-wirtschaftlichen Verhältnisse bei der Herstellung von Holzspanplatten, so ergibt sich entsprechend dem in 2.3 und 2.311 aufgeführten Beispiel, daß bei einer B_F von 4,3 $[p/m^2]$ schon dann das Maximum der Verleimungsfestigkeit mit $\tau_B = 48$ $[kp/cm^2]$ erreicht ist, wenn das BM in sehr fein zerteilter Form ($\delta_m = 8$ $[\mu m]$) auf die Späne gebracht wird, dagegen bei der weniger feinen Zerteilung (Kurve b) bei der gleichen B_F nur eine Schubfestigkeit von ca. 32 $[kp/cm^2]$ ausgebracht wird, so daß das eingesetzte BM bezogen auf das erreichbare Maximum der Festigkeit nur zu 60 % ausgenutzt wird.

Wollte man auch bei der weniger feinen Zerteilung von $\delta_m = 35$ $[\mu m]$ das Maximum an Verleimungsfestigkeit erreichen, so müßte eine B_G von 8,5 $[p/100pH]$ aufgewendet werden.

Zur Bestätigung der gewonnenen Erkenntnisse wurden die Verleimungszonen der Späne mikroskopisch bewertet: Die Abbildung 15 zeigt einen Mikrotomschnitt aus einer verleimten Überlappungszone. Er wurde einer der Proben entnommen, die zur Prüfung der Schubfestigkeit der Leimfuge dienten. Das BM war sehr fein zerteilt worden ($\delta_m = 8$ μm), die B_F betrug 3,3 $[p/m^2]$, so daß also bei dieser Überlappung mit Sicherheit das Maximum der Schubfestigkeit erreicht wurde und damit eine geschlossene BM-Fuge vorliegen sollte. Wenn auch bei der Herstellung des Mikrotomschnittes der untere Span bei der Herstellung des Schnittes beschädigt wurde, so ist doch die blaue BM-Fuge deutlich zu erkennen. Man sieht, daß sich eine weitgehend geschlossene BM-Fuge ausgebildet hat, die allerdings eine unterschiedliche Dicke aufweist.

Die nicht einheitliche Fugendicke kann einmal auf die noch nicht ausreichende Zerteilung des BM zurückgeführt werden, sie kann aber auch zum anderen durch die früher dargelegte strukturelle Eigenart des Holzes bzw. seiner Oberfläche bedingt sein. Würde man durch eine noch feinere Zerteilung des BM erreichen, daß die Dicke der Leimfuge gleichmäßiger wäre, so könnte man wahrscheinlich schon mit einer noch geringeren B_F das Maximum an Verleimungsfestigkeit erreichen.

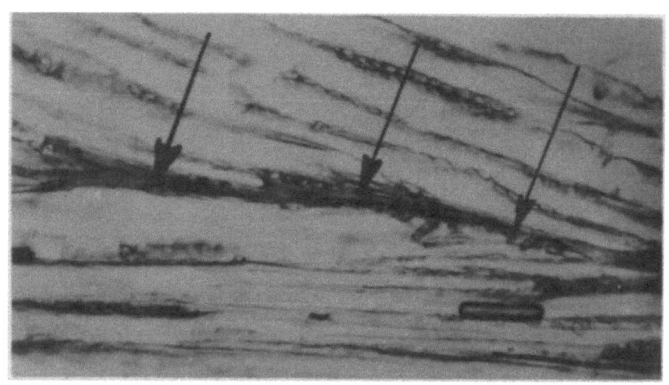

A b b i l d u n g   15
Ausbildung einer geschlossenen BM-Fuge zwischen zwei
verleimten Lärchenspänen ($B_F = 3,3\ [p/m^2]$; $\delta_m = 8\ [\mu m]$)

Die Ergebnisse dieser "Analogie"-Versuche bestätigen insofern die
früheren Erkenntnisse und die aus den Modellversuchen abgeleiteten
Gesetzmäßigkeiten, als der Zerteilungsgrad des BM den Grad der Geschlossenheit der BM-Fuge und damit die Festigkeit der Leimverbindung beeinflußt. Die vorher abgeleiteten Beziehungen haben also auch
bei der Beleimung und Verleimung von Holzspänen ihre volle prinzipielle Bedeutung:
Will man ein Maximum an Verleimungsfestigkeit erzielen, so muß die
Leimverbindung als zusammenhängender Film ausgebildet werden. Um dieses Ziel zu erreichen, muß entweder bei einer gegebenen niedrigen B_F
das BM in hinreichend kleine Tröpfchen zerteilt werden, oder es muß
anderenfalls bei gegebenem geringen Zerteilungsgrad eine erhöhte spez.
BM-Menge B_F aufgewendet werden.

Bei der Durchführung der Analogieversuche wurden sehr günstige Versuchsbedingungen eingestellt, die bei der technischen Beleimung der
Späne für die Holzspanplattenherstellung kaum erreichbar sind. Aus
den Ergebnissen der Versuche läßt sich der Schluß ziehen, daß man bei
der technischen Beleimung der Holzspäne durch zweckmäßige Ausbildung
der maßgebenden technischen Faktoren bestrebt sein sollte, sich diesem Idealzustand zu nähern. Die allgemeine Gültigkeit der aufgezeigten
Gesetzmäßigkeiten muß jedoch noch bei der Herstellung von Holzspanplatten unter Berücksichtigung der in diesem System vorliegenden Besonderheiten bestätigt werden.

2.314 Bedeutung der Bindemittel-Zerteilung für das Zusammenwirken der Bindemittelauftragsmenge und der Oberfläche der Späne bei der Festigkeitsausbildung der Holzspanplatten

Die bei den Versuchen in 2.313 gewonnenen Erkenntnisse, vor allem die Kurven $\tau_B = f(B_F; \delta)$, erlauben es bei ihrer Auswertung unter Berücksichtigung der BM-Zerteilung, vorliegende Erkenntnisse über das Zusammenwirken der B_F und der durch die Spandicke gegebenen Oberflächen der Späne auf die Festigkeitsausbildung des Verbundwerkstoffes "Holzspanplatte" zu bestätigen, so daß diese Zusammenhänge an Hand der gewonnenen experimentellen Unterlagen hier kurz behandelt werden sollen.

Aus den Gleichungen (1) und (2) ergibt sich, daß bei konstanter B_G die zur Verleimung zweier Späne in der Holzspanplatte zur Verfügung stehende spez. BM-Menge B_F der Spandicke proportional ist. Wird also die Spandicke verringert, so nimmt auch im gleichen Maße die B_F ab. Gleichzeitig wird aber die zur Verfügung stehende Überlappungs- und Verleimungsfläche der Späne erhöht.

In früheren Veröffentlichungen (7) ist bereits beschrieben worden, daß die Festigkeit des Verbundwerkstoffes "Holzspanplatte" ansteigt, wenn bei konstanter spez. BM-Menge B_G und gleichen Herstellungsbedingungen der Platte die Dicke der Späne verringert wird, obwohl - wie oben beschrieben - die zur Verleimung der Späne zur Verfügung stehende B_F vermindert wird. Diese Erscheinung wurde dadurch erklärt, daß neben anderen Faktoren, wie z.B. einer besseren und gleichmäßigeren Verpressung der Späne und damit besserer Kontakte zwischen den einzelnen Spänen, die Verleimungsfestigkeit zweier Späne nicht proportional der B_F ist. Es wurde auch bereits angedeutet [6], daß dieser Effekt nur dann eintritt, wenn das BM fein zerteilt auf die Späne aufgebracht wird.

Diese Erkenntnisse können mit Hilfe der gewonnenen Kurven $\tau_B = f(B_F; \delta)$ bestätigt werden:
Stellt man sich vor, daß in grober Annäherung ein Holzwerkstoff z.B. die Holzspanplatte nach dem in Abbildung 16 skizzierten Modell aufgebaut ist und nimmt man weiter an, daß bei der geringen B_F beim Bruch der Platte vorwiegend die Leimfugen und nicht die Späne zerstört werden, so ergibt sich - wieder in grober Annäherung - die Festigkeit der Platte als das Produkt der Anzahl der Überlappungen n mal der Festigkeit

der einzelnen Leimverbindung. Diese Annahme gilt natürlich nur für den Sonderfall, daß die elastischen und mechanischen Eigenschaften der Späne und der BM-Fugen nicht streuen.

A b b i l d u n g   16
Schematisierter Aufbau eines Holzspanwerkstoffes

In Abbildung 17 ist über die Spandicke d die Anzahl der sich pro cm Dicke der Platte ergebenden Überlappungen und die Schubfestigkeit der einzelnen BM-Fugen bei weniger feiner Zerteilung (δ_m = 35 [μm]) für B_G = 8 [p/100 pH] und r_o = 0,43 [p/cm^3] aufgetragen. Aus dem Produkt der Werte dieser beiden Kurven ergibt sich jeweils die Kurve der rechnerischen Plattenfestigkeit [1]. Während die Kurve für die Plattenfestigkeit bei der sehr feinen Zerteilung (δ_m = 8 [μm]) bei abnehmender Spandicke bis zu d = 0,1 [mm] ansteigt, erreicht die Plattenfestigkeit für δ_m = 35 [μm] bei d = 0,35 [mm] bereits einen konstanten Wert.

Die Plattenfestigkeit kann also unter den getroffenen Voraussetzungen bei Herabsetzung der Spandicke nur dann ansteigen, wenn bei dem gegebenen Zerteilungsgrad die sich durch die Spandicke ergebende spez. BM-Menge B_F für die Ausbildung einer geschlossenen BM-Fuge ausreicht.

Wird die zur Verfügung stehende B_F durch Herabsetzung der Spandicke weiter vermindert, so fällt die Schubfestigkeit der Einzelfuge proportional der Spandicke d, so daß sich aus dem Produkt "Anzahl der Überlappungen x Einzel-Schubfestigkeit" die Spandicke heraushebt, d.h. die Festigkeit des Verbundwerkstoffes konstant bleibt.

Aus dieser Erkenntnis kann abgeleitet werden, daß besonders bei der Beleimung von dünnen Spänen mit einer großen spezifischen Oberfläche das BM fein zerteilt werden muß, wenn man eine hohe Plattenfestigkeit und damit eine gute Ausnutzung des eingesetzten BM erreichen will.

---

1. Es ist vorausgesetzt, daß die durch die Spanabmessungen gegebene Überlappungsfläche gleich 1 sei.

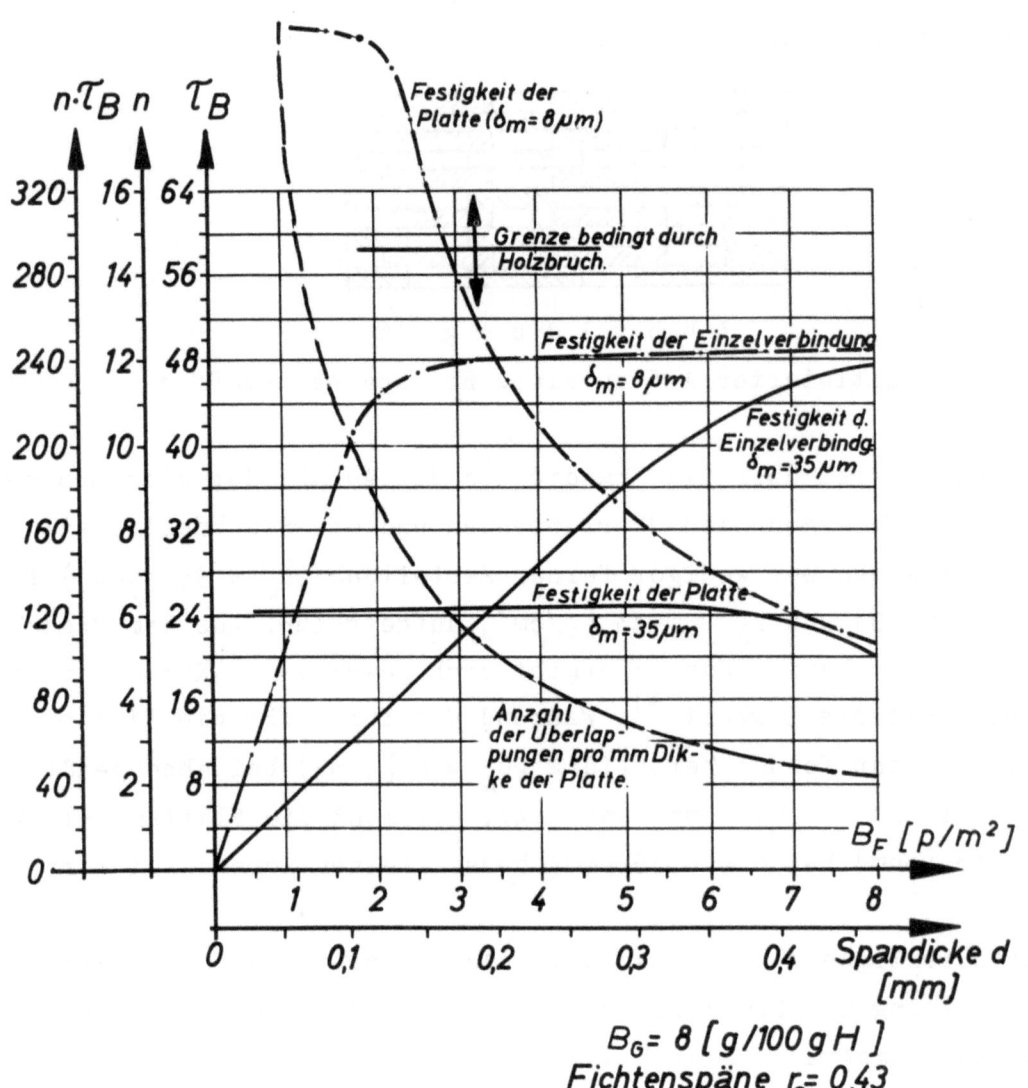

Abbildung 17

Bedeutung der Bindemittel-Zerteilung für das Zusammenwirken der B_F und der Oberfläche der Späne bei der Festigkeitsausbildung von Holzspanplatten

2.32 Einfluß der Bindemittelzerteilung auf die Festigkeitseigenschaften der Holzspanplatten

Der durch die Modell- und Analogieversuche bestätigte Einfluß der BM-Zerteilung auf die Ausbildung einer möglichst weitgehend geschlossenen BM-Fuge wurde in seiner Auswirkung im System des Verbundwerkstoffes "Holzspanplatte" untersucht.

Im Labor wurden Versuchs-Holzspanplatten aus Fichtentestspänen mit einer konstanten spez. BM-Menge B_G von 8 [p/100 pH] und einer Rohwichte von 0,60 [p/cm^3] hergestellt. Auf die zur Herstellung dieser Holzspanplatten verwendeten Späne wurde die BM-Lösung verschieden fein zerteilt im Bereich von δ_m = 8 [/um] bis 100 [/um] aufgesprüht, wobei die Zerteilung des BM in verschieden große Tröpfchen durch Ausstattung der Spritzpistole mit Düsen verschiedenen Durchmessers und gleichzeitige Variation des Sprühdruckes erreicht werden konnte. Zur Kennzeichnung der Bedeutung der BM-Zerteilung für das System des Verbundwerkstoffes "Holzspanplatte" wurden anschließend die Zug- und Querfestigkeit der hergestellten Platten geprüft.

In Abbildung 18 sind die ermittelten Festigkeitswerte über die Tröpfchengröße des BM δ_m aufgetragen. Die Kurvenbilder zeigen deutlich, daß die Festigkeitseigenschaften mit zunehmendem Zerteilungsgrad, d.h. mit abnehmender Tröpfchengröße, ansteigen. Während im Bereich verhältnismäßig großer Tröpfchendurchmesser (δ_m = 100 bis 60 [/um]) sowohl die Zug- als auch die Querzugfestigkeit stark ansteigt, wird bereits bei δ_m = 35 [/um] nahezu ein Maximum der Plattenfestigkeit ausgebildet, so daß durch eine weitere Erhöhung des Zerteilungsgrades keine weitere wesentliche Festigkeitszunahme erreicht werden kann.

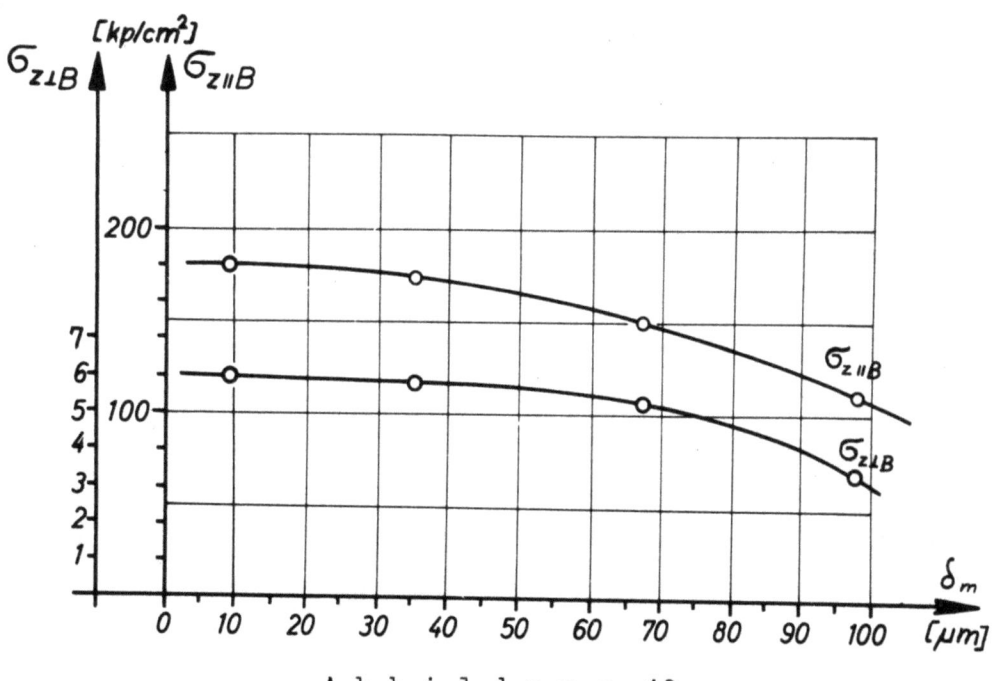

A b b i l d u n g 18
Einfluß der Bindemittel-Zerteilung auf die Zug- und
Querzugfestigkeit von Holzspanplatten

Aus dem Verlauf der Kurven kann geschlossen werden, daß bei den angewendeten Versuchsbedingungen die Zerteilung des BM in Tröpfchen von δ_m = 100 bis 60 [μm] nicht ausreichend ist, um das eingesetzte BM voll für die Verleimung zu nutzen. Dagegen wird schon bei δ_m = 35 [μm] voraussichtlich eine weitgehend geschlossene BM-Fuge ausgebildet, d.h. eine feinere Zerteilung des BM wird nur unwesentliche Festigkeitssteigerungen zur Folge haben.

Durch mikroskopische Bewertung von Mikrotomschnitten aus den Platten, die mit einem Zerteilungsgrad von δ_m = 35 [μm] gefertigt worden waren, wurde geprüft, ob die aus dem Verlauf der Kurven abgeleitete Vermutung zutrifft, daß schon bei δ_m = 35 [μm] eine weitgehend geschlossene BM-Fuge vorliegt. Abbildung 19 zeigt einen Mikrotomschnitt der Platte bei einer Vergrößerung 28 : 1. Bei dieser Vergrößerung erkennt man, daß die Überlappungszonen zwischen den Spänen durch eine annähernd gleich dicke und weitgehend geschlossene BM-Fuge verleimt sind. Bei einer stärkeren Vergrößerung von 135 : 1 (Abb. 20) wird dagegen deutlich erkennbar, daß die BM-Fugen nicht vollkommen geschlossen sind, sondern noch einige Leerstellen aufweisen, die nicht mit BM versehen sind. Der Anteil dieser Leerstellen ist jedoch derart gering, daß - wie auch die Kurven in Abbildung 18 ausweisen - eine weitere Erhöhung des Zerteilungsgrades einen nur noch unwesentlichen Anstieg der Festigkeit bewirkt, so daß sich eine weitere Erhöhung des Zerteilungsgrades kaum lohnt.

Aus dem Verlauf der Kurven in Abbildung 18 und der Bewertung der Mikrotomschnitte kann geschlossen werden, daß in dem hier gewählten Versuchssystem, das den Verhältnissen bei der technischen Holzspanplattenherstellung weitgehend entspricht, schon bei einer Zerteilung der BM-Lösung in Tröpfchen mit δ_m = 35 [μm] eine nahezu geschlossene BM-Fuge ausgebildet wird und somit das BM weitgehend zur Übertragung der Festigkeit des Einzelspanes in den Verband der Platte genutzt wird. Werden allerdings im Labor oder in der Technik andere Verhältnisse bei der Herstellung der Platten eingestellt und z.B. die Spandicke, die Rohwichte der Platten oder die spez. BM-Menge B_G verändert, so werden sich andere Verhältnisse ergeben. Würde z.B. die B_G erhöht, so ergäbe sich eine größere B_F, die zur Verleimung zur Verfügung steht, so daß ein geringerer Zerteilungsgrad ausreiche, um ein Maximum an Plattenfestigkeit zu erzielen.

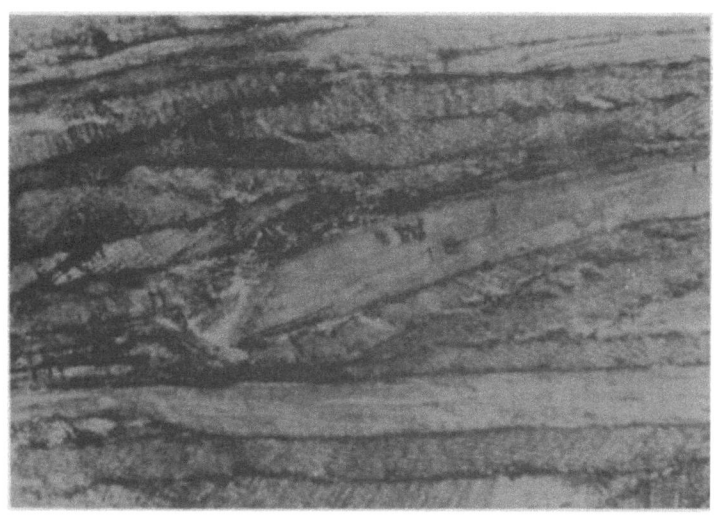

Abbildung 19
Ausbildung der Bindemittelfugen bei einer Spanplatte
aus Fichtentestspänen (Mikrotomschnitt)
Vergrößerung 28 : 1

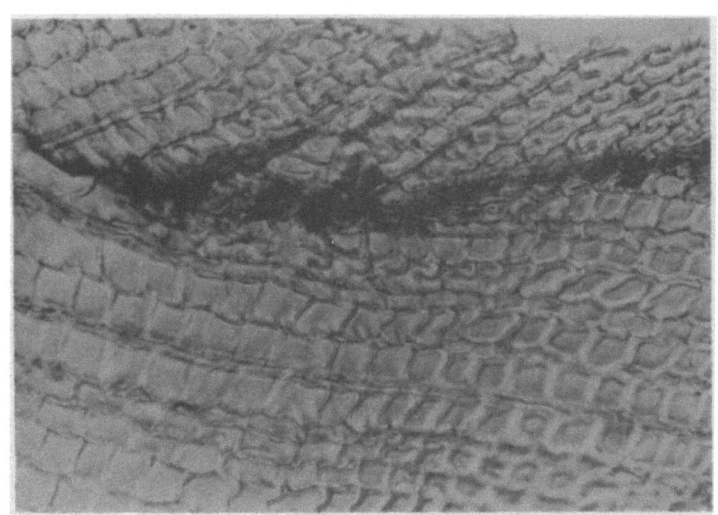

Abbildung 20
Ausbildung einer Bindemittelfuge entsprechend Abbildung 19 bei stärkerer Vergrößerung (Mikrotomschnitt)
Vergrößerung 135 : 1

Die Ergebnisse dieser Versuche bestätigen, daß der aus der Arbeitshypothese und den Modell- und Analogieversuchen abgeleitete Einfluß der BM-Zerteilung auf die Wirksamkeit der Verleimung der Späne zu Holzspanplatten übertragen werden kann.

Auch in diesem Verleimungssystem mit seinen besonderen Verhältnissen kann nur dann mit Hilfe der geringen zur Verfügung stehenden BM-Menge ein Maximum an Verleimungsfestigkeit erreicht werden, wenn das BM in hinreichend kleine Tröpfchen zerteilt wird. Da, wie festgestellt wurde, der Tröpfchendurchmesser bei technischen Sprüh-Umwälz-Beleimungsmaschinen sich im Bereich von über 80 [μm] bewegt, wird damit ausgesagt, daß der Zerteilungsgrad auf Grund der experimentellen Feststellungen zu gering ist, um bei gegebener B_F das Maximum der Verleimungsfestigkeit bzw. den Grenzwert der Ausbildung einer annähernd geschlossenen BM-Fuge zu erreichen.

2.4 Bedeutung der Bindemittelverteilung

2.41 Wesen und Bedeutung der BM-Verteilung

Neben der <u>Zerteilung</u> bestimmt die Verteilung der BM maßgeblich den Wirkungsgrad der Beleimung von Holzspänen [5]. Zur Kennzeichnung des Wesens und der Bedeutung der BM-Verteilung ist es erforderlich, die einführenden Darlegungen in 2.1 noch näher zu erläutern. Bei der Beleimung der Späne nach dem Sprüh-Umwälzverfahren ist nicht die Gewähr dafür gegeben, daß jede Spandeckseite mit der gleichen nach Gleichung (2) zu berechnenden B_F versehen wird, sondern die einzelnen Spandeckseiten mit verschiedenen BM-Mengen beleimt werden, so daß die B_F der einzelnen Spandeckseiten, die hier als B_F' definiert werden sollen, statistisch verteilt sind.

Unter Berücksichtigung dieser Tatsache wird bei der Herstellung von Holzspanplatten nicht immer der Idealfall eintreten, daß zwei gleichartig und gleichwertig beleimte Späne wie bei den Analogieversuchen in Kontakt gebracht und miteinander verleimt werden.

Es ist z.B. denkbar, daß bei einer BM-Verteilung mit großer Streuung eine Spandeckseite, die mit dem doppelten Wert der rechnerischen B_F versehen ist, mit einer solchen verleimt wird, die gar kein oder nur sehr wenig BM erhalten hat. In diesem Falle werden sich Verhältnisse ergeben, die die Ausbildung einer weitgehend geschlossenen BM-Fuge nachteilig beeinflussen. Wenn auch die zwischen den beiden verleimten Spandeckseiten befindliche BM-Menge derjenigen gleicht, die sich ergäbe, wenn beide Spandeckseiten mit genau der rechnerischen B_F beleimt wären, so werden doch nur zu einem gewissen Teil beim Verleimen der Späne die Faktoren wirksam, die die Ausbildung einer geschlossenen BM-Fuge begünstigen.

Durch die Beleimung von nur einer Spandeckseite kann keine Kompensation der nicht beleimten Flächen durch Überdeckung der BM-Zonen der beiden Spanflächen und ferner auch keine so wirksame Verbreiterung der Sekundärtröpfchen durch Druck und Plastifizierung erfolgen.

Weiterhin kann bei einer ungenügenden BM-Verteilung sogar der Fall eintreten, daß z.B. zwei Spandeckseiten in Kontakt gebracht werden, die nur sehr wenig oder gar kein BM erhalten haben, so daß dann die Festigkeit der Späne nur sehr unzureichend in den Verband der Platte übertragen wird. Werden im Gegensatz hierzu zwei Späne verleimt, deren Deckseiten mit einem Mehrfachen der ihnen rechnerisch zukommenden B_F beleimt worden sind, so wird sich zwischen ihnen zwar eine geschlossene BM-Fuge mit maximaler Festigkeit ausbilden, entsprechend den Darlegungen in 2.313 wäre aber schon eine geringere B_F ausreichend, um den gleichen Effekt zu erzielen, so daß also diese überschüssige BM-Menge nicht zu einer erhöhten Festigkeitsausbildung beiträgt, zumal sie auf anderen Spandeckseiten fehlt.

Die BM-Verteilung wird also im Gesamtsystem der Beleimung und Verleimung von Holzspänen im Rahmen der Holzspanplattenherstellung eine große Bedeutung haben, so daß es erforderlich ist, diesen Faktor experimentell näher zu kennzeichnen und seinen Einfluß auf die Festigkeitsausbildung der Holzspanplatten zu untersuchen.

2.42 Ermittlung der Bindemittel-Verteilung

Um die BM-Verteilung experimentell zu erfassen, wurden bei der Beleimung der Späne gemäß den Angaben in 6.32 dem Spangut 50 weiße Kartonstreifen beigegeben, die in ihrer Größe und ihren rheologischen Eigenschaften den Spänen entsprachen, so daß die Streifen in der Labor-Beleimungsmaschine gleichartig und gleichwertig wie die Holzspäne mit blau angefärbtem BM beleimt wurden. Nach der Beleimung konnte an Hand der Farbintensität der Kartonstreifen mit Hilfe von Eichproben auf ihre B_F geschlossen werden.

Abbildung 21/2 zeigt eine repräsentative Stichprobe der beleimten Kartonstreifen. Im Vergleich mit den Eichproben kann man deutlich erkennen, daß die Kartonstreifen nicht gleichmäßig beleimt worden sind, da die B_F' zwischen 0,5 und 6 $[p/m^2]$ um den Mittelwert von 4,3 $[p/m^2]$ streuen.

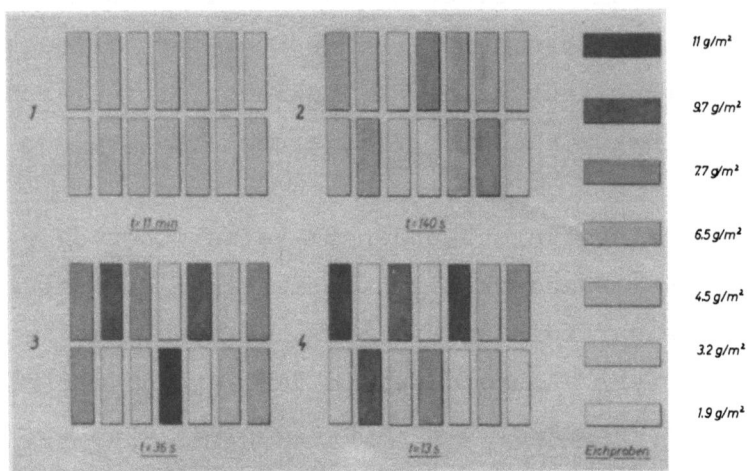

A b b i l d u n g   21

Darstellung der Bindemittelverteilung in Abhängigkeit von der Beleimungsdauer. B_F = 4,3 $[p/m^2]$, Laborbeleimungsmaschine, 0,25 [mm] dicke Fichtenspäne, G = 1040 [Kp]
K = 50 [%]

Die Gleichmäßigkeit des BM-Auftrages hängt von mehreren Faktoren ab, so z.B. vom Gewicht des in die Maschine eingebrachten Spangutes G, der Dicke und damit der spezifischen Oberfläche der Späne, der Umwälzgeschwindigkeit der Späne, der Bleimungsdauer, d.h. der Dauer sowohl der Umwälzung als auch der Aufsprühung des BM usw.

Um den Einfluß einer dieser Einflußgrößen zu kennzeichnen, wurde daher bei einem weiteren gleichartigen Versuch die Beleimungsdauer ca. vervierfacht, d.h. von 140 auf 660 [S] erhöht. Die sich hierbei ergebende BM-Verteilung wird durch die Abbildung 21/1 wiedergegeben. Man erkennt, daß gegenüber Abbildung 21/2 die Kartonstreifen und damit auch die Späne infolge der erhöhten Beleimungsdauer bedeutend gleichmäßiger beleimt sind.

Durch weitere Versuche wurde geprüft, welche BM-Verteilungen sich ergeben, wenn die Beleimungsdauer auf 1/4 bzw. 1/2 des Ausgangswertes gemäß Abbildung 21/2 vermindert wird. Aus den Ergebnissen in Abbildung 21/3 und 21/4 ist zu entnehmen, daß die Streuung der BM-Verteilung um den rechnerischen Mittelwert um so stärker wird, je größer die Beleimungsdauer t ist. Bei den in Abbildung 21/4 dargestellten Kartonstreifen treten derart große Schwankungen der B_F auf, daß einige Späne nur sehr wenig bzw. gar keine BM erhalten haben, dagegen andere mit einem Vielfachen des rechnerischen Mittelwertes beleimt worden sind.

Auf fotometrischem Wege wurden mit Hilfe der Eichproben die B_F' der einzelnen Kartonstreifen gemessen (s. experimentelle Angaben) und die relativen Häufigkeiten $\varphi(B_F')$ der in Klassen eingeteilten Werte berechnet.

Die Auswertung der Messungen ist für die Beispiele 21/1 und 21/4 in Abbildung 22 dargestellt. Während bei Beispiel 1 ca. 85 % der Werte für B_F im Bereich des rechnerischen Mittelwertes von 4,3 p/m^2 und nur ca. 2 % im Bereich von 0 bis 0,5 p/m^2 liegen, also gar kein oder nur sehr wenig BM erhalten haben, befinden sich bei Beispiel 4 nur ca. 15 % der Werte im Bereich von 4,3 p/m^2, dagegen 48 % zwischen 0 und 0,5 p/m^2.

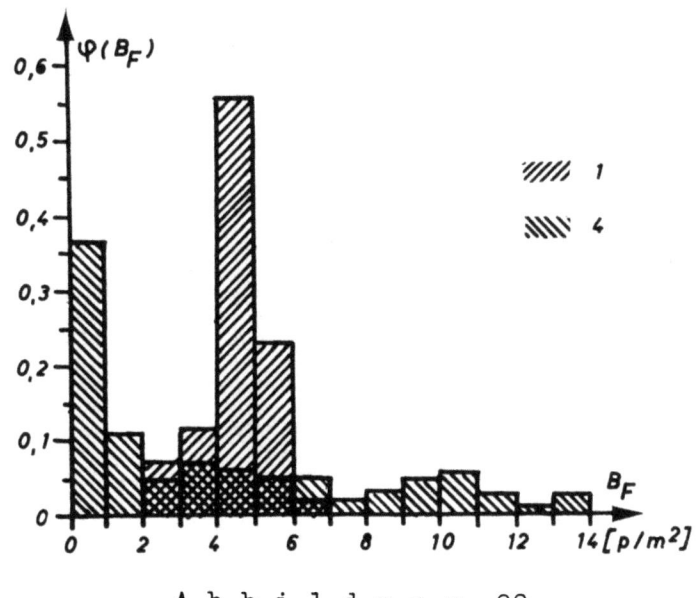

A b b i l d u n g 22
Graphische Darstellung der Bindemittelverteilung

Die sich durch die Veränderung der einzelnen Einflußgrößen ergebenden verschiedenen BM-Verteilungen gehorchen beim Sprüh-Umwälz-Beleimungsverfahren - wie in 3.4 bewiesen wird - im allgemeinen indirekt dem Poissonschen Verteilungsgesetz der seltenen Ereignisse. Die Form der Poissonschen Häufigkeitskurven, damit auch die Form der BM-Verteilungen, wird - wie Abbildung 23 zeigt - durch eine Kennzahl λ bestimmt, die - wie noch zu beweisen sein wird - aus den Einflußgrößen, die den Beleimungs- und Umwälzvorgang bestimmen, errechnet werden kann. Je größer der Wert für λ ist, umso besser ist die BM-Verteilung, d.h. der Anteil der nicht oder nur sehr wenig beleimten Späne wird geringer, während die relative Häufigkeit der B_F', die um den Mittelwert für B_F liegen, größer wird.

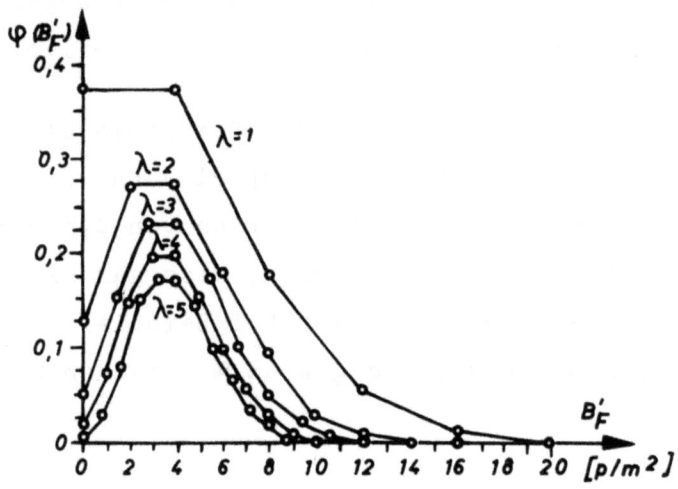

A b b i l d u n g 23
Bedeutung der Kennzahl λ für die Form der BM-Verteilungen nach dem Poissonschen Verteilungsgesetz

Es sei noch darauf hingewiesen, daß bei den BM-Verteilungskurven immer die Häufigkeit über der B_F jeder Spannseite, nicht über der spez. BM-Menge B_G jedes Spanes aufgetragen ist. Für die Festigkeit der Leimfuge, die sich nach dem Aufeinanderlegen und Verpressen zweier Späne ergibt, ist nämlich die BM-"Fugendicke" (oder die BM-Menge pro Flächeneinheit), die gleich der Summe der B_F der beiden zu verleimenden Flächen ist, ausschlaggebend, nicht der Gewichtsanteil des BM-Feststoffes am Gewicht des beleimten Spanes, da in diese Größe als unkontrollierbare Faktoren die Dicke des Spanes und die Holzrohwichte eingehen.

2.43 Einfluß der BM-Verteilung auf die Platteneigenschaften

Nachdem die Form der BM-Verteilung durch die Kennzahl λ gekennzeichnet worden ist, konnte der Einfluß der BM-Verteilung auf die Beleimung und Verleimung der Holzspäne an Hand der Festigkeitseigenschaften von Holzspanplatten durch Herstellen und Prüfen von Vergleichsplatten untersucht werden.

Die Platten wurden wie in 2.32 beschrieben hergestellt. Die BM-Zerteilung wurde mit $\delta_m = 35\ [\mu m]$ konstant gehalten, während die BM-Verteilung geändert wurde. Wie schon vorangehend dargelegt wurde, ist λ proportional der Beleimungsdauer, so daß zur Variation der BM-Verteilung die Späne verschieden lange umgewälzt und beleimt wurden (s. experimentelle Angaben 6.42). Die Berechnung der Kennzahlen λ ist in 3.212.5 beschrieben. Zusätzlich zum Einfluß der BM-Verteilung wurde der Einfluß der Rohwichte der Holzspanplatten untersucht: $r_u = 0,75$; $r_u = 0,60$ und $r_u = 0,45\ [p/cm^3]$.

Die Ergebnisse der Festigkeitsprüfung sind in Abbildung 24 über λ aufgetragen. Bis $\lambda = 14$ steigt sowohl die Zug- als auch die Querzugfestigkeit mit zunehmendem λ, d.h. mit gleichmäßigerer BM-Verteilung stark an. Eine weitere Verbesserung der BM-Verteilung bringt dagegen nur noch unwesentliche Festigkeitszunahmen. Aus dem Verlauf der Kurven kann geschlossen werden, daß bei einer schlechten BM-Verteilung mit kleinem λ aus den vorn angeführten Gründen nicht alle Leim-Fugen zwischen je zwei Spänen optimal ausgebildet, d.h. weitgehend geschlossen sind. Dadurch wird nicht die Festigkeit jedes Spanes voll in den Verband der Platte übertragen und somit das Maximum an Plattenfestigkeit nicht erreicht.

Aus dem Verlauf der Kurven kann weiter abgeleitet werden, daß es bei dem gewählten Versuchssystem nicht erforderlich ist, die Späne so zu beleimen, daß die spez. BM-Menge jeder Spandeckseite genau dem rechnerischen Wert entspricht, da bereits bei $\lambda = 14$ nahezu das Maximum an Plattenfestigkeit erreicht wird, obwohl - wie Abbildung 21 zeigt - bei dieser Verteilung noch merkliche Schwankungen der B_F' um den Mittelwert zu erkennen ist.

Die Festigkeitseigenschaften der Holzspanplatten werden umso stärker von der BM-Verteilung beeinflußt, je geringer ihre Rohwichte ist. Während bei einer Platte mit $r_u = 0,45\ [p/cm^3]$ bei einer schlechten BM-Verteilung mit $\lambda = 1,8$ nur ca. 50 % der Maximalfestigkeit erreicht wird, liegt der entsprechende Wert bei $r_u = 0,60$ bei ca. 65 % und bei $r_u = 0,75$ bei 75 %.

Diese Erscheinung kann darauf zurückgeführt werden, daß bei Platten mit hoher Rohwichte ein höherer Verleimungsdruck auftritt, wodurch die durch eine unzureichende BM-Verteilung bedingten nachteiligen Erscheinungen z.T. dadurch ausgeglichen werden, daß z.B. die Sekundärtröpfchen bzw. BM-Zonen in höhrem Maße plastifiziert und flächig verbreitert werden. Bei geringerer Plattenrohwichte ist dagegen der Verleimungsdruck wesentlich geringer, so daß diese günstigen Verhältnisse nicht im selben Maße ausgebildet werden und deshalb gerade in diesem System der BM-Verteilung eine große Bedeutung zugemessen werden muß.

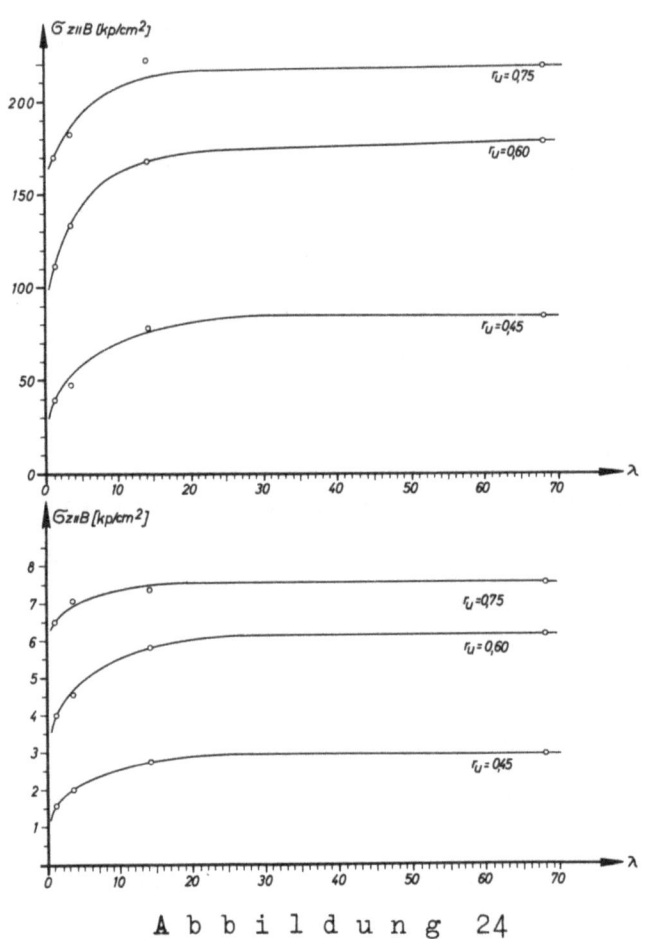

Abbildung 24

Einfluß der Bindemittelverteilung auf die Zug- und Querzugfestigkeit von Holzspanplatten mit verschiedener Rohwichte r_u

Neben diesem Einfluß der BM-Verteilung auf die beiden elementaren Festigkeitseigenschaften der Platten ergeben sich mit wachsendem λ noch weitere Verbesserungen der Plattenqualität, die aber nicht näher durch Kennzahlen ermittel worden sind:

Bei einer guten BM-Verteilung ist der Anteil der unbeleimten Späne sehr gering (s. 3.213 und Abb. 21/1). Man erhält bei größerem λ eine geschlossenere und festere Plattenoberfläche, da jeder Span durch eine hinreichend feste Leimfuge mit dem neben oder unter ihm liegenden Span verleimt ist. Es ist nicht möglich, daß wie bei einer ungenügenden Verteilung einzelne Späne an der Oberfläche abgeribbelt werden können, weil sie nur wenig oder gar kein BM beim Beleimungsprozeß erhalten haben.

Aus diesem Grunde wird sich auch das Nagel- und Schraubenhaltevermögen der Platten verbessern (das i.a. mit wachsender Querzugfestigkeit der Platten ansteigt [12]). Beim Einschlagen eines Nagels in die Seitenkante einer Platte, deren Späne so beleimt wurden, daß sich eine ungenügende BM-Verteilung ergab, konnte beobachtet werden, daß die Platte in einer Späneschicht aufplatzt, deren BM-Fuge nur ungenügend ausgebildet ist. Diese Fehler treten am meisten auf, wenn die Mittelschicht aus großflächigen Spänen besteht, da in diesem Falle schon das zufällige Aufeinandertreffen zweier Spanflächen mit ungenügendem B_F ausreicht, um die Proben auseinanderfallen zu lassen.

Durch diese Tatsache wird auch erklärt, warum die Festigkeitswerte, besonders die der Querzugfestigkeit, bei einer guten BM-Verteilung bedeutend weniger streuen als bei einer schlechten BM-Verteilung

Durch die BM-Verteilung werden auch die Quellungseigenschaften der Platten beeinflußt.

An den Versuchsplatten mit $r_u = 0{,}60$ [p/cm^3] wurde zusätzlich der Einfluß der BM-Verteilung auf die Dickenquellung der Platten nach 24 Stunden Wasserlagerung geprüft.

Die ermittelten Quellungswerte sind in Abbildung 25 über λ aufgetragen. Die Abnahme der Quellung von 21 % bei $\lambda = 1{,}8$ auf 5 % bei $\lambda = 14$, die also ausschließlich durch eine bessere BM-Verteilung erreicht wurde, ist beachtlich und entspricht ungefähr dem Effekt, den man durch Beigabe eines Quellungsschutzmittels erreichen kann. Der Einfluß der BM-Verteilung auf die Quellung der Platten kann dadurch erklärt werden, daß durch die bessere BM-Verteilung und die damit erhöhte Querzugfestigkeit die Rückquellung der Späne aus dem verformten Zustande in ihre Ausgangsform erschwert wird.

Durch diese Untersuchungen ist nachgewiesen, daß die BM-Verteilung die mechanischen und physikalischen Eigenschaften der Holzspanplatten wesentlich beeinflußt, so daß damit die in 2.41 und 2.42 theoretisch abgeleiteten und zum Teil experimentell belegten grundlegenden Beziehungen ihre Bestätigung finden.

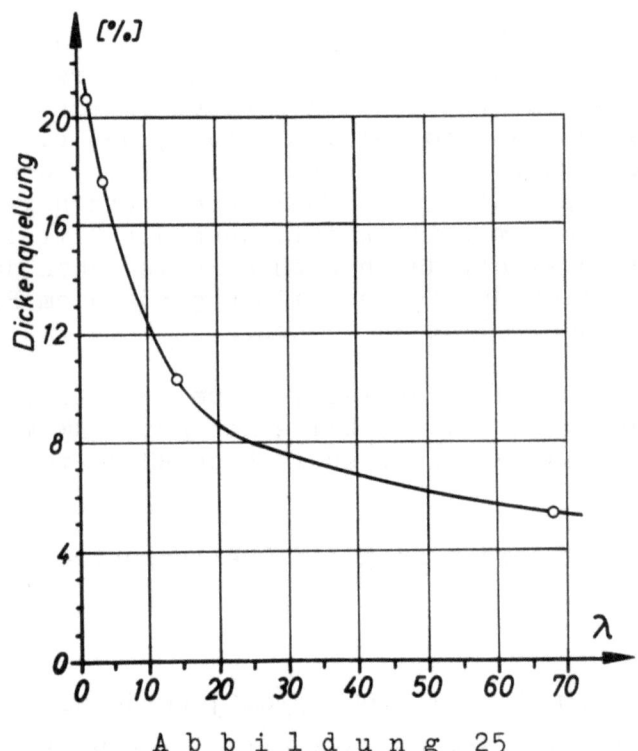

Abbildung 25

Abhängigkeit der Dickenquellung nach 24-stündiger
Wasserlagerung von der BM-Verteilung

2.5 Einfluß der Bindemittelzerteilung und der Bindemittel-Verteilung auf die Festigkeitseigenschaften von Holzspanplatten

Nach der getrennten Erfassung des Einflusses der BM-Zerteilung und der BM-Verteilung auf die Festigkeitseigenschaften von Holzspanplatten in 2.32 und 2.43 wurde durch weitere Experimente das Zusammenwirken dieser beiden Faktoren bei der Festigkeitsausbildung von Holzspanplatten untersucht. Hierbei wurden technische Verhältnisse zu Grunde gelegt, um in Verbindung mit den Erkenntnissen aus den Modell- und Analogie-Versuchen über die bei der technischen Beleimung der Späne im Ablauf der Holzspanplattenfabrikation erreichte Zerteilung und Verteilung des Bindemittels und deren Bedeutung für die Festigkeit der industriell gefertigten Holzspanplatten Aussagen machen zu können.

An zwei Arten von technischen Holzspänen (Spangut I und II), die industriell nach dem Sprüh-Umwälz-Beleimungsverfahren beleimt worden waren, wurden die mittleren Spanabmessungen und deren Schwankungsbereich, die spezifische BM-Menge B_G die BM-Zerteilung und die BM-Verteilung ermittelt.

Der Zerteilungsgrad des BM wurde in der Weise festgestellt, daß die aus der Düse der industriellen Beleimungsmaschine austretenden Tröpfchen auf einer Glasscheibe aufgefangen wurden und die Durchmesser δ der sich ausbildenden Rotationsellipsoide gemessen wurden. Die spezifische BM-Menge B_G und die BM-Verteilung wurden chemisch-analytisch bestimmt (s. experimentelle Angaben 6.5).

Aus der Dicke der Späne bzw. ihrer spezifischen Oberfläche und dem ermittelten B_G wurde die B_F berechnet. Die Werte sind in Tabelle 2 aufgeführt. Das Spangut I entspricht in seinen Abmessungen und seiner spezifischen Oberfläche annähernd den früher verwendeten Fichten-Testspänen, allerdings ist die B_G und damit auch die B_F erhöht.

Das Spangut II besteht aus dickeren Spänen mit einer geringeren spezifischen Oberfläche. Die spezifische BM-Menge B_G ist geringer als bei Spangut I, es ergibt sich jedoch durch das Zusammenwirken der B_G und der spezifischen Oberfläche für beide Spanarten annähernd die gleiche B_F. Die ermittelten Kennzahlen der Beleimung δ_m und λ sind unter ① in Tabelle 3 aufgeführt. Der Zerteilungsgrad war bei beiden Spanarten mit $\delta_m = 110$ [µm] gleich, während die Kennzahl λ für Spangut I mit 0,9 niedriger war als bei Spangut II mit 1,6.

Aus beiden beleimten Spanarten wurden im Labor Holzspanplatten mit einer Rohwichte von 0,60 [p/cm^3] hergestellt und die Zugfestigkeit sowie die Querzugfestigkeit $\sigma_{zB\perp}$ dieser Platten geprüft. Die ermittelten Festigkeitswerte sind ebenfalls unter ① in Tabelle 3 zusammengestellt. Man erkennt, daß die technologischen Kennzahlen der Versuchsplatten beachtlich niedriger liegen als die der Platten, die vorangehend in 2.32 und 2.43 aus laborbeleimten Spänen hergestellt waren. Obwohl bei Spangut I eine BM-Verteilung mit größerer Streuung vorliegt, sind die Festigkeitseigenschaften der Platte aus Spangut I höher als die der Platte aus Spangut II, was entsprechend der Ableitung in 2.314 einerseits durch deren höhere B_G und andererseits durch die größere spezifische Oberfläche der Späne zu erwarten war.

Die im Vergleich zu 2.32 und 2.43 relativ geringe Festigkeitsausbildung der Versuchsplatten ist darauf zurückzuführen, daß das Bindemittel mit $\delta_m = 110$ [µm] nicht genügend fein zerteilt und mit $\lambda = 0,9$ bzw. 1,6 nicht hinreichend gut verteilt war, so daß die primäre Forderung nach

Ausbildung einer möglichst weitgehend geschlossenen BM-Fuge zwischen allen Spänen nicht erfüllt wird.

Tabelle 2
Abmessungen der Späne und B_F

		Spangut I	Spangut II
Abmessungen der Späne	Dicke [mm]	0,18-0,24-0,32	0,28-0,42-0,54
	Breite [mm]	1 - 4 - 7	8 - 14 - 30
	Länge [mm]	10 - 16 - 22	15 - 31 - 45
B_G [p/100 pH]		12	7,4
B_F [p/m²]		7,1	7,4

Um festzustellen, wie eine Verbesserung der Beleimungs-Kennzahlen die Festigkeitseigenschaften der Holzspanplatten beeinflußt, wurden in weiteren Versuchsreihen die gleichen technischen Holzspäne in der Laborbeleimungsmaschine beleimt und aus ihnen unter sonst gleichen Herstellungsbedingungen Versuchs-Holzspanplatten hergestellt. Hierbei wurde so vorgegangen, daß zunächst im Versuch ② bei konstanter BM-Zerteilung lediglich die BM-Verteilung von λ = 0,9 bzw. 1,6 auf λ = 14 bzw. 25 verbessert wurde und anschließend in Versuch ③ die Verteilung mit λ = 0,9 bzw. 1,6 entsprechend den technischen Verhältnissen konstantgehalten wurde, dagegen aber die Zerteilung des BM von δ_m = 110 [μm] auf δ_m = 8 [μm] verbessert wurde. Im Versuch 4 wurden Spangut I und II unter reinen Labor-Verhältnissen beleimt, d.h. ein λ von 14 bzw. 25 eingestellt und das BM in Tröpfchen mit δ_m = 8 [μm] zerteilt. Die Einzelheiten der Versuchsdurchführung sind im experimentellen Teil beschrieben (s. 6.5).

Aus den in den Versuchen ②, ③ und ④ beleimten Spänen wurden im Labor wie unter ① Versuchs-Holzspanplatten hergestellt und deren Festigkeitseigenschaften gepüft.

Die Versuchsergebnisse sind in Tabelle 3 aufgeführt. Man erkennt, daß bei Versuch ② durch eine Verbesserung der BM-Verteilung vom technischen auf den laboratoriumsmäßigen Stand bei konstantem Zerteilungsgrad eine wesentliche Festigkeitssteigerung erreicht wird, während bei Versuch ③ , bei dem lediglich die Zerteilung bei konstanter BM-Verteilung verbessert wurde, zwar auch die Festigkeitseigenschaften der Platten gegenüber den rein technischen Verhältnissen gemäß Versuch ① erhöht sind, aber bei weitem nicht die Werte des Versuches ② erreicht werden. Bei Versuch ④ , bei dem das BM entsprechend den Labor-Verhältnissen fein zerteilt und gut verteilt worden war, ergeben sich Plattenfestigkeiten, die als Maximalwert anzusprechen sind. Sie sind gegenüber ① und ③ wesentlich erhöht, liegen aber nicht bedeutend höher als die im Versuch ② erzielten Werte.

T a b e l l e 3

Einfluß der Bindemittel-Verteilung und der Bindemittel-Zerteilung auf die Zugfestigkeit $\sigma_{zB \parallel}$ und die Querzugfestigkeit $\sigma_{zB \perp}$ von Holzspanplatten aus technischen Kieferholzspänen ($r_u = 0{,}60 \text{ p/cm}^3$)

Nr.	Kennzahlen der Beleimung				Festigkeitseigenschaften				
		λ_I	λ_{II}	δ_m [µm]	σ_{zB}	Spangut I		Spangut II	
						kp/cm²	%	kp/cm²	%
①	Industrie-verhältnisse	0,9	1,6	110	$\perp$	2,5	40	2,1	42
					$\parallel$	92	52	76	60
②	Industrie- + Labor-verhältnisse	14	25	110	$\perp$	5,5	88	4,3	90
					$\parallel$	164	93	113	93
③		0,9	1,6	8	$\perp$	4,0	63	2,8	59
					$\parallel$	139	79	99	79
④	Labor-Verhältnisse	14	25	8	$\perp$	6,3	100	4,8	100
					$\parallel$	176	100	126	100

Um die Versuchsergebnisse übersichtlicher darstellen zu können, wurden die ermittelten Festigkeitswerte in % der Maximalwerte gemäß Versuch ④ umgerechnet und aus den je 4 Festigkeitswerten, die gemäß Tabelle 3 für jeden Versuch ermittelt worden waren, der Mittelwert gebildet. Diese Mittelwerte sind in Abbildung 26 graphisch dargestellt worden.

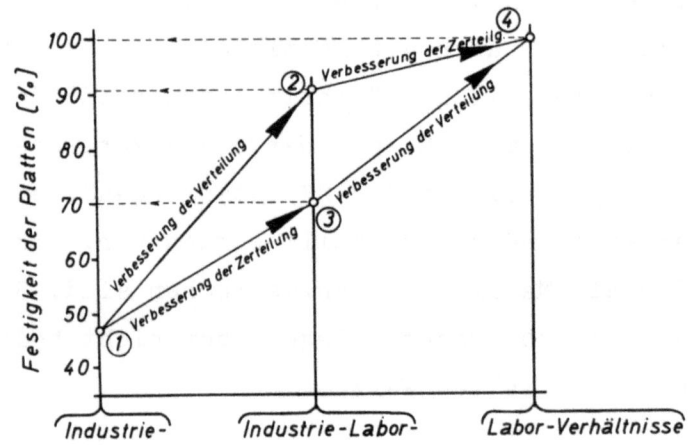

Abbildung 26

Einfluß der Bindemittelverteilung und der Bindemittelzerteilung auf die Festigkeitseigenschaften von Holzspanplatten

Bei den Industrie-Verhältnissen (①) ist das BM derart ungenügend zerteilt und verteilt, daß nur 48 % der maximalen Festigkeit erreicht werden. Die vorliegende Zerteilung und Verteilung des BM reicht also nicht aus, um die primäre Forderung zu erfüllen, daß möglichst zwischen allen Spänen nach der Verleimung eine weitgehend geschlossene BM-Fuge ausgebildet wird. Wird dagegen bei konstanter Zerteilung lediglich die BM-Verteilung verbessert (① → ②), so steigt die Plattenfestigkeit auf 91 % an, so daß also schon nahezu das Maximum erreicht wird und eine zusätzliche Verbesserung der Zerteilung des BM (② → ④) nur noch einen geringen Festigkeitsanstieg von ca. 9 % bewirkt. Wird im Gegensatz hierzu bei Konstanthaltung der industriellen BM-Verteilung lediglich die Zerteilung von $\delta_m = 100\ [\mu m]$ auf $\delta_m = 8\ [\mu m]$ verbessert (① → ③), so steigt die Festigkeit der Platten nur auf 70 %, so daß man durch eine weitere zusätzliche Verbesserung der BM-Verteilung (③ → ④) noch eine wesentliche Festigkeitssteigerung erreichen kann.

Aus der graphischen Darstellung der Versuchsergebnisse in Abbildung 26 geht also deutlich hervor, daß bei der Beleimung und Verleimung von Holzspänen zur Holzspanplattenherstellung der Verteilung des BM eine weit größere Bedeutung zukommt als der BM-Zerteilung, da lediglich durch eine Verbesserung der BM-Verteilung bei konstantem Zerteilungsgrad schon nahezu das Maximum der Plattenfestigkeit erreicht werden kann.

2.6 Zusammenfassende Bewertung - Folgerungen

Nachdem vorangehend die speziellen Probleme bei der Beleimung und Verleimung von Holzspänen, insbesondere die Bedeutung der Zerteilung und der Verteilung des BM unter gleichzeitiger Erfassung der morphologischen Eigenarten der Holzspäne sowie der eine geschlossene BM-Fuge begünstigenden Faktoren experimentell eingehend gekennzeichnet und untersucht worden sind, lassen sich in einer kurzen zusammenfassenden Bewertung folgende Faktoren aus der Gesamtheit der vielen Einflußgrößen herausheben:

Unter den gewählten Versuchsbedingungen läßt sich eine annähernd maximale Ausnutzung des BM, d.h. eine möglichst geschlossene BM-Fuge und damit eine weitgehende Übertragung der Festigkeit der Späne in den Verband der Holzspanplatte dann erreichen, wenn beim Sprüh-Umwälzverfahren

1. die wässrig-kolloide BM-Lösung bis zu einer Tröpfchengröße von $\delta_m = 35 \, [\mu m]$ zerteilt wird und
2. durch entsprechende Einstellung der Beleimungsdauer eine BM-Verteilung mit $\lambda = 14$ eingestellt wird.

Die Verteilung und Zerteilung des BM beeinflussen additiv die Festigkeitseigenschaften der Holzspanplatten, wobei jedoch die BM-Verteilung das System bedeutend stärker beeinflußt als die BM-Zerteilung.

Bei der Übertragung der Versuche auf technische Verhätlnisse wurde gefunden, daß beim Sprüh-Umwälz-Beleimungsverfahren die unter 1. und 2. aufgeführten Grundforderungen bei weitem nicht erfüllt werden und insbesondere durch die unzureichende BM-Verteilung auch nur ein unzureichender "Wirkungsgrad" der Beleimung und damit eine unbefriedigende Ausnutzung des eingebrachten BM erreicht wird. Aus den vergleichenden Untersuchungen ergibt sich, daß durch Einstellen der Verhältnisse gemäß den beiden Forderungen 1. und 2. gegenüber dem heutigen technischen Stande eine 30 bis 40 % höhere Plattenfestigkeit erzielt werden kann, bzw. bei einem verminderten Aufwand an BM die gleichen technologischen Kennzahlen erreicht werden können.

Aus dieser zusammenfassenden Bewertung ergibt sich, daß es auf Grund der gewonnenen experimentellen Erkenntnisse notwendig ist, den Einfluß der Konstruktionsmerkmale der Sprüh-Umwälz-Beleimungsmaschinen auf die Kennzahlen der Beleimung zu untersuchen, um daraus Hinweise zu erhalten, wie durch eine Verbesserung und zweckmäßige Ausbildung der Sprüh-Umwälz-Beleimungsmaschinen die als günstig ermittelten Kennzahlen für die Zerteilung und Verteilung des BM erzielt werden können.

3. Abhängigkeit der Güte der Beleimung von der Bauart und Arbeitsweise der Sprüh-Umwälz-Beleimungsmaschinen

Bei der Kennzeichnung und Untersuchung des Einflusses der Konstruktionsmerkmale der Sprüh-Umwälz-Beleimungsmaschinen auf die Güte der Beleimung wird zunächst die Zerteilung des BM und anschließend die Verteilung des BM behandelt. Das Schwergewicht der Untersuchungen wird auf der Ermittlung und Kennzeichnung der Einflußgrößen liegen, die die BM-Verteilung beeinflussen, da zum einen diese nach 2.5 einen weit größeren Einfluß auf die Festigkeitseigenschaften von Holzspanplatten haben und zum anderen kein technisches System bekannt ist, das auf die Wirkungsweise der Beleimungsmaschinen übertragen werden kann.

3.1 Die Zerteilung des Bindemittels

Beim Sprüh-Umwälz-Beleimungsverfahren wird das BM vorwiegend durch Düsen mit Hilfe von Preßluft zerteilt. Dieses Verfahren zum Zerteilen von viskosen Flüssigkeiten wird bei einer Vielzahl von anderen Arbeitstechniken angewendet, so z.B. Farbspritzen, Befeuchten usw. Eine weitere Möglichkeit, viskose Flüssigkeiten in Tröpfchen zu zerteilen, ist durch die Verwendung von Düsen, in denen die Flüssigkeiten mittels Flüssigkeitsdruck zerteilt werden, gegeben wie z.B. bei den Einspritzdüsen von Dieselmotoren.

3.11 Zerteilung mit Hilfe von Preßluft

Es ist bekannt, daß bei der Zerteilung von viskosen Flüssigkeiten mit Hilfe von Preßluft die erreichbare Tröpfchengröße, also der Zerteilungsgrad von mehreren Faktoren beeinflußt wird [15]:
1. den konstruktiven Merkmalen der Düse
2. der Viskosität der BM-Lösung
3. der aufgewendeten Luftmenge pro Gewichtseinheit der Leimlösung und dem Spritzüberdruck.

Mittels der Spritzpistole, die bei der Instituts-Beleimungsmaschine

Verwendung fand, wurde untersucht, wie die Tröpfchengröße von den genannten Faktoren beeinflußt wird. Bei variablem Spritzüberdruck p wurden zwei BM-Lösungen mit verschiedener Viskosität η zerteilt und gleichzeitig der Luftverbrauch der Pistole bestimmt. Dabei wurde die Lösung eines Harnstoff-Fomaldehyd-BM verwendet und zwar einmal mit einer FS-Konzentration von K = 55 % mit einer Viskosität von η = 1500 [cP] (20° C) und zum anderen mit K = 45 % und η = 300 [cP] (20° C).

Die Versuchsergebnisse sind in Abbildung 27 über dem Spritzüberdruck p und dem Luftverbrauch aufgetragen. Grundsätzlich ergibt sich, daß der Zerteilungsgrad mit erhöhtem Spritzüberdruck zunimmt, d.h. die erzielten Tröpfchendurchmesser abnehmen. Gleichzeitig geht aus dem Verlauf der Kurven hervor, daß bei gleichem p der ca. doppelte Zerteilungsgrad erzielt wird, wenn die Viskosität der BM-Lösung gegenüber 1500 nur 300 [cP] beträgt, so daß man bei η = 1500 [cP] einen Spritzüberdruck von p = 5 [kp/cm^2] anwenden muß, um den gleichen Zerteilungsgrad zu erhalten, der sich bei η = 300 [cP] bereits bei p = 0,5 [kp/cm^2] ergibt.

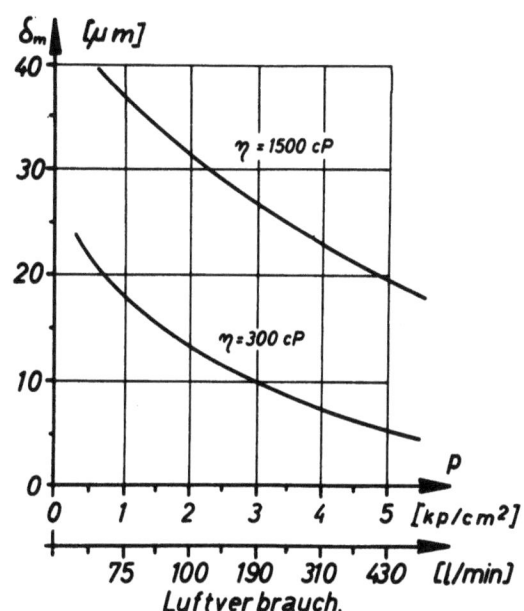

A b b i l d u n g 27

Abhängigkeit des Zerteilungsgrades vom Spritzüberdruck und Luftverbrauch mit der Viskosität der BM-Lösung als Parameter

Um den Zerteilungsgrad zu erhöhen, können also zwei Wege eingeschlagen werden:

1. Erhöhung des Spritzüberdruckes und damit Erhöhung des Luftverbrauchs

2. Herabsetzung der Viskosität der BM-Lösung.

Eine Verbesserung des Zerteilungsgrades durch Erhöhung des Spritzüberdruckes hat nach Abbildung 28 eine starke Erhöhung des Luftverbrauches zur Folge. Ein hoher Luftverbrauch der Düsen einer Beleimungsmaschine ist aber unerwünscht, da es einmal schwierig ist, die großen Luftmengen aus der Maschine abzuführen, ohne daß feinste Tröpfchen mitgerissen werden und zum anderen die Erzeugung von Preßluft mit einem hohen maschinellen Aufwand und hohem Energieverbrauch verbunden ist.

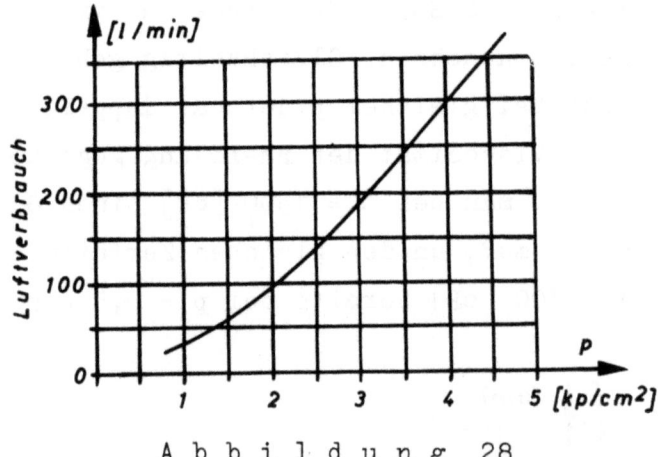

A b b i l d u n g 28

Abhängigkeit des Luftverbrauches einer Spritzpistole vom Sprühüberdruck

Deswegen wäre es zur Erzielung eines hohen Zerteilungsgrades vorteilhafter, nach Möglichkeit ein BM mit geringerer Viskosität zu versprühen. Es ist dabei aber aus den vorn genannten Gründen nicht zweckmäßig, die Konzentration der BM-Lösung unter K = 50 bis 60 % herabzusetzen. Außerdem zeigt Abbildung 29, daß bei einer Verminderung der Konzentration unter den Wert von 50 % die Viskosität der BM-Lösung nicht mehr nennenswert abfällt. Es wäre deshalb die Aufgabe der chemischen Industrie, ein Kunstharz-BM herzustellen, das im sprühfertigen Zustande eine geringere Viskosität aufweist [19].

Eine weitere Möglichkeit, die Viskosität der BM-Lösung herabzusetzen, ist darin gegeben, die Lösung kurz vor ihrem Eintritt in die Düse auf ca. 40 bis 50° C zu erwärmen, da gemäß Abbildung 30 η mit der Temperatur stark abfällt.

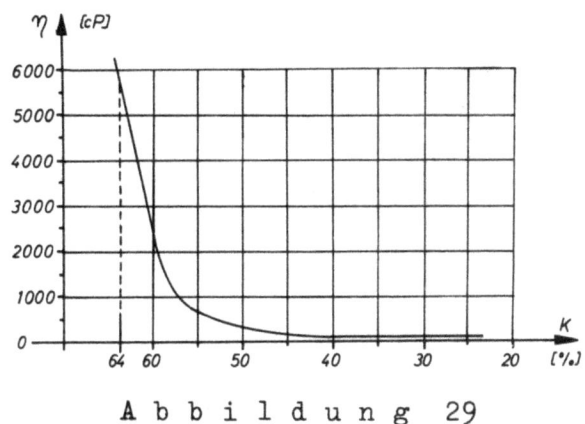

Abbildung 29

Abhängigkeit der Viskosität der BM-Lösung von der
FS-Konzentration K bei 20° C

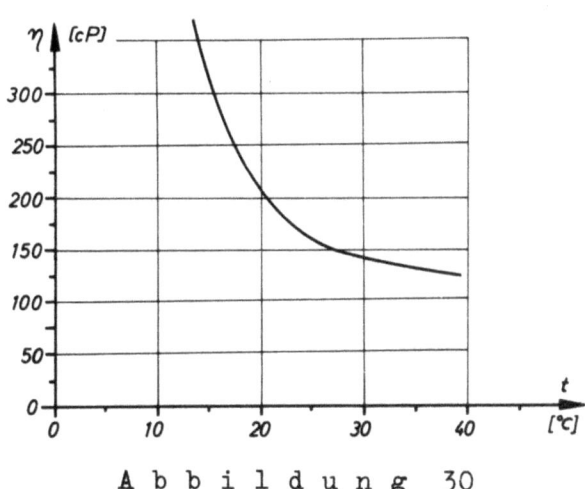

Abbildung 30

Abhängigkeit der Viskosität einer 50 %igen BM-Lösung
von der Temperatur

3.12 Zerteilung durch Flüssigkeitsdruck

Die vorn beschriebenen teilweise nachteiligen Wirkungen der zum Zerteilen des BM verwendeten Preßluft können ausgeschaltet werden, wenn man das BM mit Hilfe von Flüssigkeitsdruck versprüht. Bei diesem Verfahren wird das BM unter hohem Druck durch Wirbeldüsen gepreßt. Die BM-Lösung erhält in der Düse einen Drall, so daß sie durch Zentrifugalkräfte bei ihrem Austritt aus der Düse in Tröpfchen zerteilt wird. Auch hier wirkt sich die hohe Viskosität der z.Z. vorwiegend verwendeten Harnstoffharz-BM nachteilig aus, wenn man einen hohen Zerteilungsgrad erzielen will. Bei orientierenden Versuchen mit Wirbeldüsen der Firma Schlick wurde gefunden, daß ca. 300 [atü] nötig sind, um eine 50 %ige Lösung von

Urecoll F spezial mit einer Zähigkeit von 1500 [cP] in Tröpfchen mit $\delta_m = 15$ [µm] zu zerteilen. Hat dagegen die BM-Lösung eine Zähigkeit von nur ca. 300 [cP], so sind nur ca. 100 [atü] erforderlich, um denselben Zerteilungsgrad zu erreichen.

Wollte man die Zerteilung des BM mit Hilfe von Flüssigkeitsdruck technisch anwenden, so müßte man möglichst die Einflußgrößen, die den Zerteilungsgrad bestimmen, so einstellen, daß man mit einem Druck von maximal 30 [atü] einen guten Zerteilungsgrad erzielen kann, da es dann voraussichtlich möglich ist, einen solchen Druck durch Verwendung verschleißarmer betriebssicherer Pumpen zu erzeugen. Dagegen ist es schwierig, höhere Drucke mit Hilfe von Kolbenpumpen zu erzeugen, da einmal der Verschleiß der Pumpen wegen der fehlenden Schmierwirkung des BM sehr hoch ist und zum anderen bei zu hohen Drucken die der BM-Lösung beigefügten Quellungsschutzmittel ausflocken und die Düsen verstopfen können. Neben dem Auffinden einer optimalen Düsenausbildung ist eine der Voraussetzungen für eine feine Zerteilung der BM-Lösung bei einem Druck von ca. 30 [atü], daß die zu zerteilenden BM-Lösung eine sehr geringe Viskosität aufweist.

3.2 Die Verteilung des Bindemittels

In 2.4 ist bereits das Wesen der BM-Verteilung gekennzeichnet worden. Es war aber nicht möglich, die Gesetzmäßigkeiten abzuleiten, welche die Verteilung des BM beim Sprüh-Umwälz-Beleimungsverfahren bestimmen. Deshalb sollen die Einzelvorgänge, die den Ablauf des Sprüh-Umwälz-Beleimungsverfahrens bestimmen, schematisiert und idealisiert werden. Durch eine theoretische Ableitung kann dann erfaßt werden, welche Konstruktionsmerkmale die Form und die Streuung der BM-Verteilung maßgeblich bestimmen, um aus diesen Erkenntnissen auf die optimale Auslegung der Maschinen schließen zu können.

3.21 Theoretische Herleitung der Bindemittelverteilung

Um die folgende theoretische Ableitung der BM-Verteilung allgemein durchführen zu können, also ohne Anlehnung an eine bestimmte technische Ausführung einer Sprüh-Umwälz-Beleimungsmaschine, sollen die einzelnen sich überlagernden Vorgänge beim Sprüh-Umwälz-Beleimungsverfahren idealisiert und abstrahiert werden:

3.211 Spezifische Bindemittelmenge B_F bei einem Durchgang der Späne durch die Sprühzone

Sowohl bei der Laborausführung des Sprüh-Umwälz-Beleimungsverfahrens als auch bei den nach diesem Verfahren arbeitenden technisch-industriellen Maschinen werden die Späne durch den Umwälzvorgang durch den Sprühkegel der Sprühvorrichtung, d.h. durch die "Sprühzone" oder "Sprühfläche" geführt und dabei auf ihre Deckflächen das in Tröpfchen zerteilte BM aufgesprüht. Dieser Arbeitsgang der Beleimungsmaschinen ist idealisiert in Abbildung 31 schematisch dargestellt worden:

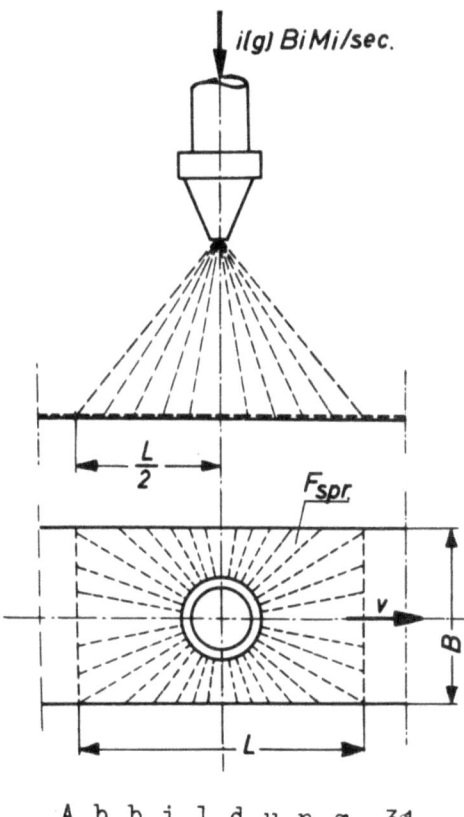

Abbildung 31

Schematisierte und idealisierte Darstellung der Beleimung von Holzspänen bei einem Durchgang der Späne durch die Sprühzone

Die Späne mögen durch eine Vorrichtung in einem lückenlosen, einschichtigem Vlies mit der Geschwindigkeit v durch die Sprühzone geführt werden. Die Sprühzone sei rechteckig und habe die Abmessungen L [m] in Richtung des Geschwindigkeitsvektors v und B [m] senkrecht dazu. Die Düse spritze mit dem BM-Strom in FS gerechnet B_{ZFS} [p/s] oder in Lösung gerechnet B_{ZL} [p/s], so daß die auf die Sprühfläche auftreffende BM-Menge pro Zeit- und Flächeneinheit, d.h. der spezifische BM-Strom

$B'_{ZFS} = B_{ZFS}/F_{spr}$ oder B'_{ZL}/F_{spr} ist mit $F_{spr} = L \cdot B$. Weiterhin sei vorausgesetzt, daß die Sprühvorrichtung so ausgebildet ist, daß der spezifische BM-Strom B'_Z über der Sprühfläche konstant sei.

3.211 1 Der Spänestrom

Bei konstanter Geschwindigkeit v befindet sich ein Span $t^* = L/v$ [sec] in der Sprühzone, so daß in der Zeit t eine Spanmenge beleimt wird, deren Gesamtoberfläche F der doppelten Sprühfläche F_{spr} entspricht. Das Gewicht dieser Spanmenge hängt von der Rohwichte der Holzart und der Dicke der Späne ab und kann nach der Formel (1) berechnet werden, so daß sich das Gewicht der Spanmenge G, die in der Zeit t^* beleimt wird, zu

$$G_{t^*} = \frac{2 \cdot F_{spr} \cdot r_o \cdot d}{2} \quad [kp] \qquad (9)$$

ergibt.

Aus dieser Beziehung läßt sich die Beleimungsdauer für G [kp] Späne ermitteln, wenn v und F_{spr} gegeben sind:

$$t = \frac{F \cdot t^*}{F_{spr}} = \frac{G}{r_o \cdot d \cdot B \cdot v} \quad [s] \qquad (10)$$

Aus der Gleichung (10) geht hervor, daß die Zeit, die zur Beleimung von G [kp] Spänen benötigt wird, umgekehrt proportional der Holzrohwichte, der Spandicke und der Geschwindigkeit v ist, mit der sie durch die Sprühzone geführt werden, und ferner, daß die Geschwindigkeit, die eingestellt werden muß, um einen Strom ("Durchsatz") von G [kp] Spänen in der Zeit t zu erreichen, umgekehrt proportional der Breite der Sprühzone, der Holzrohwichte und der Dicke der Späne ist.

3.211 2 Bindemittelstrom und spezifische BM-Menge B_F

Ein Span befindet sich $t = L/v$ [s] in der Sprühzone. Ist B'_{ZFS} über der ganzen Fläche F_{spr} konstant, so erhält er bei einem Durchgang durch die Sprühzone auf einer seiner beiden Deckseiten die B''_F:

$$B''_F = B'_{ZFS} \cdot t^* = B'_{ZFS} \frac{L}{v} \quad [p/m^2] \qquad (12)$$

Sollen die Späne auf einer Deckseite mit einer geforderten B_F'' versehen werden, so lassen sich mit Hilfe dieser Beziehungen die erforderlichen Größen B_{ZFS}', L und v errechnen. Durch Verknüpfung der Gleichungen (10) und (12) erhält man die Abhängigkeit des BM-Stromes und des spezifischen BM-Stromes von der zu beleimenden Spanmenge und der geforderten B_F'':

$$B_{ZFS}' = \frac{G \cdot B_F''}{t \cdot r_o \cdot d \cdot F_{spr}} \quad [\frac{p}{s \, m^2}] \qquad (13)$$

oder

$$B_{ZFS} = \frac{G \cdot B_F''}{r_o \cdot d \cdot t} \quad [\frac{p}{sec}] \qquad (14)$$

Hieraus ergibt sich die B_F'' für G [kp] Späne, die in der Zeit t bei gegebener B_{ZFS}'' und F_{spr} beleimt werden:

$$B_F'' = \frac{B_{ZFS}' \cdot t \cdot r_o \cdot d \cdot F_{spr}}{G} = \frac{B_{ZFS} \cdot t^* \cdot r_o \cdot d}{G} \quad [p/m^2] \qquad (15)$$

Grundsätzlich gelten die Formeln (12), (13), (14) und (15) auch, wenn man statt mit B_{ZFS}', B_{ZFS} und B_F'' mit den entsprechenden Werten, die auf BM-Lösung bezogen sind, also B_{ZL}', B_{ZL} und B_{FL}'' rechnet. Mit der FS-Konzentration K [%] der spritzfertigen Bindemittellösung ergeben sich die Abhängigkeiten:

$$B_{ZFS}' = \frac{B_{ZL}' \cdot K}{100} \; ; \quad B_F'' = \frac{B_{FL}'' \cdot K}{100} \; ; \quad B_{ZFS} = \frac{B_{ZL} \cdot K}{100} \qquad (16)$$

Bei der technischen Beleimung müssen die Späne auf beiden Seiten mit der gleichen B_F versehen werden. Man müßte also den in Abbildung 31 skizzierten Beleimungsvorgang zweimal durchführen und die Späne nach dem ersten Durchgang durch die Sprühzone umwenden. Die abgeleiteten Beziehungen gelten grundsätzlich auch für diesen Fall, allerdings müssen der Späne-Strom und der BM-Strom verdoppelt werden, wenn die anderen Größen konstant gehalten werden sollen.

Bei der hier angenommenen idealisierten Beleimung ist die Streuung der BM-Verteilung gleich Null, d.h. jede Spandeckseite wird mit der gleichen B_F' versehen. Die technische Ausführung einer solchen Besprühung ist jedoch in der Praxis nicht möglich, so daß zwischen der gestellten Aufgabe und der technischen Durchführung ein Kompromiß geschlossen werden muß.

3.212 Zuführung der Späne zur Sprühzone durch zufällige Auswahl

Bei dem oben angenommenen Idealfall der Beleimung erhält jeder Span die gleiche B_F', die gleich dem Mittelwert aller B_F' gleich dem rechnerischen Mittelwert B_F nach Gleichung (2) ist.

Bei den in der Praxis verwendeten Beleimungsmaschinen ist natürlich keineswegs die Gewähr gegeben, daß sich jeder Span gleich lange und gleich oft in der Sprühzone befindet, also den gleichen Bindemittelauftrag erhält. Durch den kombinierten Misch- und Umwälzvorgang erscheinen die Späne verschieden oft in der Sprühzone und erhalten so einen verschiedenen Bindemittelauftrag, so daß die B_F' ihrer Deckseiten - wie schon in 2.4 beschrieben ist - statistisch verteilt sind. Zur theoretischen Herleitung der Kennzahlen dieser Häufigkeitsverteilung erweist es sich wiederum als zweckmäßig, die Vorgänge in der Beleimungsmaschine zu idealisieren und zu schematisieren, um zu übersichtlichen Verhältnissen zu kommen und nicht an eine bestimmte Bauart gebunden zu sein.

3.212 1 Schematisierung und Idealisierung des Misch- und Umwälzvorganges

In Abbildung 32 sind die Funktionen einer Sprüh-Umwälz-Beleimungsmaschine schematisch skizziert:
Im Mischer wird eine Spanmenge von G_1 [kp] laufend gemischt. Dieser Menge werden Späne entnommen, durch die Sprühzone geführt, wo sie auf einer Deckseite mit BM versehen werden, und dann wieder dem Mischer zugeführt. Die Länge der Zuführungen sei gleich Null.

Die Späne sollen dem Mischer rein zufällig entnommen werden, es soll also für jeden Span die Wahrscheinlichkeit, in die Sprühzone zu gelangen, gleich groß sein. Um die folgenden Überlegungen zu vereinfachen, soll vorerst die Annahme getroffen werden, daß die Entnahme der Späne aus dem Mischer diskontinuierlich, also schubweise vor sich geht.

Bei einem Schub sollten G_2 [kp] oder y_2 [Stück] Späne mit BM versehen werden. Die Gesamtmenge der zu beleimenden Späne ist $G = G_1 + G_2$ [kp] oder $y = y_1 + y_2$ [Stück].

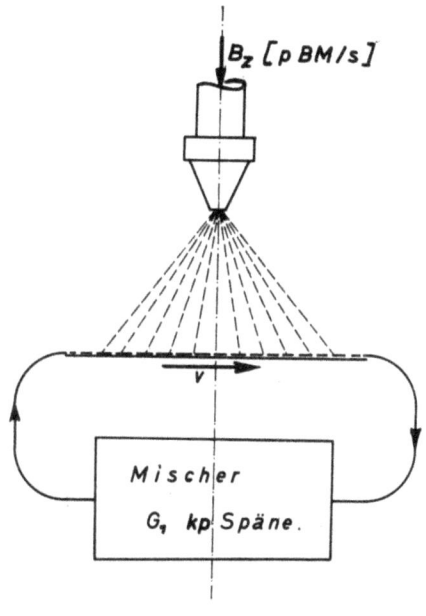

Abbildung 32

Schematisierte und idealisierte Darstellung der Beleimung von Holzspänen durch Mischen und Umwälzen der Späne und Aufbringen des Bindemittels mit Hilfe von Sprühdüsen

3.212 2 Die Verteilung der Wahrscheinlichkeit für das Erscheinen eines Spanes in der Sprühzone

Die Wahrscheinlichkeit p für einen Span, bei einem Schub beleimt zu werden, ist $p = y_2/(y_1 + y_2) = y_2/y$ und die Wahrscheinlichkeit q, nicht beleimt zu werden $q = y_1/(y_1 + y_2) = y_1/y$. Die Wahrscheinlichkeit dafür, daß er bei der ersten Spanentnahme der Sprühzone zugeführt wird, nicht aber bei der zweiten, dritten, vierten und n-ten, ist gleich dem Produkt

$$\left(\frac{y_2}{y}\right)\left(\frac{y_1}{y}\right)\left(\frac{y_1}{y}\right)\ldots\left(\frac{y_1}{y}\right) = \left(\frac{y_2}{y}\right)\left(\frac{y_1}{y}\right)^{n-1}$$

Es gibt n Möglichkeiten, ob der Span in n Zügen einmal beleimt wird oder nicht [20]. Die Wahrscheinlichkeit, ob er bei n Entnahmen <u>entweder</u> in der oben angeschriebenen Reihenfolge einmal beleimt wird und (n-1) mal nicht <u>oder</u> nach den (n-1) möglichen anderen Anordnungen, ist gleich der Summe von n Größen. Die Wahrscheinlichkeit $\varphi(1)$, daß der Span bei einer Entnahme miterfaßt wird und bei (n-1) Entnahmen nicht, beträgt:

$$\varphi(1) = n \left(\frac{y_2}{y}\right) \cdot \left(\frac{y_1}{y}\right)^{n-1}$$

Setzt man $\left(\frac{y_2}{y}\right) = p$ und $\frac{y_1}{y} = q$, so ergibt sich:

$$\varphi(1) = npq^{n-1}$$

Die Wahrscheinlichkeit dafür, daß ein Span bei den ersten beiden Entnahmen in die Sprühzone gelangt, bei den n-2 folgenden nicht, ist

$$p^2 \cdot q^{n-2}$$

Die Zahl der möglichen Anordnungen beträgt n (n-1)/2, so daß die Wahrscheinlichkeit $\varphi(2)$ dafür, daß ein Span bei n Entnahmen 2mal beleimt und (n-2) mal nicht beleimt wird, ist:

$$\varphi(2) = \frac{n \cdot (n-1)}{2} \cdot p^2 \cdot q^{n-2}$$

Bei Verallgemeinerung des Gedankenganges findet man die Wahrscheinlichkeit $\varphi(x)$, daß ein Span bei n Entnahmen xmal beleimt wird:

$$\varphi(x) = \frac{n(n-1) \cdot (n-2) \ldots (n-x+1)}{1 \cdot 2 \cdot 3 \ldots x} \cdot p^x \cdot q^{n-x}$$

oder

$$\varphi(x) = \binom{n}{x} \cdot p^x \cdot q^{n-x}$$

Das Bild von $\varphi(x)$ ist die Bernoulli-Verteilung mit den Grundwahrscheinlichkeiten p und q und der Anzahl der Wiederholungen der Alternative n. Bei den für die Praxis in Frage kommenden Sprühbeleimungsmaschinen ist die Anzahl n der Wiederholungen der Alternative eine große Zahl (s. 3.22), während die Grundwahrscheinlichkeit p für das Erscheinen eines Spanes in der Sprühzone sehr klein ist. Für diese großen n läßt sich die Bernoulli-Verteilung schwer ausrechnen, da sie die Berechnung der Fakultäten n!, x! und (n-x)! erfordert, sie bietet auch keine genügende Übersicht über die $\varphi(x)$-Werte.

Durch einen Grenzübergang für n→∞ und p→o (also q→1) erhält man die Häufigkeitsverteilung der seltenen Ereignisse, die Poissonsche Verteilung [20]:

$$\varphi(x) = \frac{\lambda^x e^{-\lambda}}{x!} \text{ mit} \qquad (17)$$

$$\lambda = np \qquad (17a)$$

Die Streuung der Poissonschen Verteilung ist:

$$\sigma^2 = \sum_{x=0}^{n} (x - \mu)^2 \cdot \varphi(x) = \lambda = n \cdot p \qquad (18)$$

Der Mittelwert μ ergibt sich zu:

$$\mu = \sum_{x=0}^{n} x \cdot \varphi(x) = \lambda = n \cdot p \qquad (19)$$

3.212 3 __Die Grundwahrscheinlichkeit p__

In der obigen Ableitung wurde die Grundwahrscheinlichkeit p für das Erscheinen eines Spanes in der Sprühzone durch das Verhältnis der Anzahl der Späne, die sich im Sprühbereich befinden, zur Gesamtanzahl definiert. Da die Zahl der Späne nicht bekannt sein dürfte und auch die Ermittlung des Mittelwertes ihrer Oberflächen $\bar{f}$ umständlich ist, soll die Grundwahrscheinlichkeit p durch Größen ausgedrückt werden, die der Beobachtung und Messung leicht zugänglich sind.

Für den in 3.211 angenommenen Fall, daß die Späne beim Durchgang durch die Sprühzone nur auf einer Seite mit Bindemittel versehen werden, ergibt sich eine andere Grundwahrscheinlichkeit, als wenn sie im Sprühbereich gewendet werden und so auf beiden Seiten Bindemittel erhalten: Die Grundwahrscheinlichkeit p für das Erscheinen eines Spanes, also seiner beiden Deckseiten, in der Sprühzone, also dafür, daß er auf beiden Seiten beleimt wird, ist nach 3.211 1:

$$p_2 = y_2/y.$$

Unter der Voraussetzung, daß die Spangröße im Gesamtvolumen der Späne gleichmäßig verteilt ist, ist die Gesamtoberfläche der Späne, die sich zu einem gewissen Zeitpunkt in der Sprühzone befinden:

$$F_2 = y_2 \cdot \bar{f} \qquad (20)$$

Entsprechend gilt für die Gesamtmenge der Späne:

$$F_{ges} = y \cdot \bar{f}, \qquad (21)$$

aus (20) und (21) folgt:

$$y_2 = F_2/\bar{f} \text{ und } y = F/\bar{f} \qquad (22)(22a)$$

Wenn die in 3.211 getroffene Voraussetzung gilt, daß die Späne in einem lückenlosen einschichtigen Vlies angeordnet sind, ist zum anderen die Gesamtoberfläche der Späne, die sich in der Sprühzone befinden:

$$F_2 = 2F_{spr}. \qquad (23)$$

(23) in (22a) eingesetzt, ergibt die Anzahl der Späne, die sich in der Sprühzone befinden:

$$y_2 = \frac{2F_{spr}}{\bar{f}}. \qquad (24)$$

Aus (22) und (24) erhält man die Grundwahrscheinlichkeit p_2 für das Erscheinen eines Spanes in der Sprühzone:

$$p_2 = \frac{y_2}{y} = \frac{2F_{spr} \cdot \bar{f}}{\bar{f} \cdot F} = \frac{2F_{spr}}{F}. \qquad (24a)$$

Durch Einsetzen von Gleichung (1) erhält man für p_2:

$$\boxed{p_2 = \frac{F_{spr} \cdot r_o \cdot d}{G}} \qquad (25)$$

Für den Fall, daß die Späne beim Durchqueren der Sprühzone nicht gewendet werden, also nur _eine_ ihrer beiden Deckseiten mit BM versehen wird, ist die Grundwahrscheinlichkeit p_1 dafür, daß _eine_ Spanseite bei einem Durchgang des Spanes durch die Sprühzone beleimt wird, gleich dem Verhältnis der Summe der Spanoberflächen, die zu einem gewissen Zeit-

Seite 70

punkt mit BM versehen werden, zur Summe aller Spanoberflächen. Die Summe der Spanoberflächen, die vom Sprühstrahl getroffen werden, ist gleich F_{spr}, die aller Späne F.

Es ist also

$$\boxed{p_1 = \frac{F_{spr}}{F} = \frac{F_{spr} \cdot r_o \cdot d}{2 \cdot G} = \frac{p_2}{2}} \qquad (25a)$$

3.212 4 Anzahl der Wiederholungen der Alternative n

Auch die Anzahl n der Wiederholungen der Alternative, ob ein Span in die Sprühzone gelangt und beleimt wird, oder nicht, soll durch Größen ausgedrückt werden, die der Messung leicht zugänglich sind:
Bei der Herleitung der Verteilung für das Erscheinen eines Spanes in der Sprühzone war zur Vereinfachung angenommen, daß die Entnahme des Spangutes aus dem Mischer schubweise, also diskontinuierlich verläuft. Beim Übergang von der Annahme der diskontinuierlichen zur kontinuierlichen Zuführung der Späne, wie sie in den Beleimungsmaschinen tatsächlich geschieht, entspricht eine Wiederholung der Alternative einem Wechsel der Späne, die die Sprühzone ausfüllen, so daß also bei einer Wiederholung der Alternative so viele Späne y_2 beleimt werden, daß sie bei lückenloser Anordnung in einer Ebene die Sprühfläche $F_{spr} = B \cdot L$ ausfüllen, so daß

$$\bar{f} \cdot y_2 = 2 F_{spr} \qquad \text{ist.} \qquad (26)$$

Die Zeit, in der die Späne, die sich in der Sprühzone befinden, durch neue ersetzt sind, errechnet sich zu:

$$t^* = \frac{L}{v},$$

und da

$$L = \frac{F_{spr}}{B} \qquad (27)$$

ist, wird

$$t^* = \frac{F_{spr}}{v \cdot B}$$

Für die gesamte Beleimungsdauer t ergibt sich aus (27) die Anzahl der Wiederholungen der Alternative zu:

$$\boxed{n = \frac{t}{t^*} = \frac{t \cdot v}{L} = \frac{t \cdot v \cdot B}{F_{spr}}} \qquad (28)$$

3.212 5 Ableitung der Bindemittelverteilung aus der Verteilung für das Erscheinen eines Spanes in der Sprühzone

Bei jedem Erscheinen x_E in der Sprühzone erhält der Span die spezifische BM-Menge B_F'', so daß er nach Beendigung des Beleimungsvorganges mit

$$B_F' = x_E \cdot B_F'' \qquad (29)$$

$$B_F' = x_E \cdot B_{ZFS}' \cdot \frac{L}{v} \qquad (30)$$

versehen ist.

Mit Hilfe dieser Beziehung läßt sich aus der Verteilung für x_E die Verteilung für B_F' bestimmen. Die Abszissenwerte x_E werden mit dem Faktor B_F'' multipliziert, die Ordinatenwerte $\varphi(x_E)$ entsprechen denen von $\varphi(B_F')$

Der <u>Mittelwert</u> der Bindemittelverteilung ist:

$$\mu_B = \sum_{B_F'=0}^{n} B_F' \cdot \varphi(x_B) \qquad (31)$$

Durch Einsetzen von (29) erhält man:

$$\mu_B = \sum_{B_F'=0}^{n} x_E \cdot B_F'' \cdot \varphi(B_F')$$

und da

$$\varphi(B_F') = \varphi(x_E)$$

ergibt sich:

$$\mu_B = \sum_{B_F'=0}^{n} x_E \cdot \varphi(x_E) \cdot B_F'' \quad ,$$

so daß

$$\mu_B = \mu_E \cdot B_F'' \qquad (32)$$

und

$$\boxed{\lambda = \mu_E = \frac{\mu_B}{B_F''}} \quad \text{ist.} \qquad (32a)$$

Der Mittelwert der B_F' entspricht der rechnerischen B_F nach Gleichung (2), so daß

$$B_F = \mu_B = B_G \cdot \frac{r_o \cdot d}{0,2} \quad \text{ist.}$$

Mit Hilfe der Beziehung (2) und (32) kann man das Produkt der beiden Größen, die die Verteilung des Erscheinens und der spezifischen Bindemittelmenge im Wesentlichen beeinflussen, also der Grundwahrscheinlichkeit p für das Erscheinen eines Spanes in der Sprühzone und der Anzahl der Wiederholungen der Alternative n, bestimmen:

$$B_G \cdot \frac{r_o \cdot d}{0,2} = \mu_E \cdot B_F''$$

$$B_G \cdot \frac{r_o \cdot d}{0,2} = n \cdot p \cdot B_{ZFS}' \cdot \frac{L}{v}$$

$$\lambda = n \cdot p = \frac{B_G \cdot r_o \cdot d \cdot v}{0,2 \cdot B_{ZFS}' \cdot L} \qquad (33)$$

Auch nach diesen Gleichungen ergeben sich selbstverständlich verschiedene λ, je nachdem ob die Späne in der Sprühzone gewendet werden oder nicht (also ob mit $p = p_2$ oder $p = p_1$ gerechnet wird). Dieser Einfluß wird durch B_{ZFS}' berücksichtigt (s. 3.211 2).

λ, das allein die Form der Poissonschen Verteilung für das Erscheinen eines Spanes in der Sprühzone und damit die Güte der Beleimungsmaschine bestimmt, läßt sich mit Hilfe der Beziehung (33) "synthetisch" errechnen, d.h. allein aus den Daten des zu beleimenden Spangutes und der Beleimungsmaschine, ohne daß die Bindemittelverteilung der mit dieser Maschine beleimten Späne durch Messung bekannt zu sein braucht.

<u>Die Streuung</u> der Bindemittelverteilung errechnet sich zu:

$$\sigma_B^2 = \sum_{B_F' = 0}^{n} (B_F' - \mu_B)^2 \cdot \varphi(x_B)$$

mit

$$B_F' = x_E \cdot B_F''$$

und

$$B_F = \mu_B = \mu_E \cdot B_F''$$

erhält man:

$$\sigma_B^2 = \sum_{B_F'=0}^{n} (x_E - \mu)^2 \cdot B_F''^2 \cdot \varphi(B_F') \quad (34)$$

$$\boxed{\sigma_B^2 = \sigma_E^2 \cdot B_F''^2}$$

Da

$$B_F'' = \frac{\mu_B}{\mu_E}$$

und

$$\mu_E^2 = n \cdot p$$

ergibt sich mit Hilfe der Gleichung (18):

$$\sigma_B^2 = \sigma_E^2 \cdot \frac{\mu_B^2}{\mu_E^2} = \frac{\sigma_E^2 \cdot \mu_B^2}{(n \cdot p)^2}$$

so daß

$$\sigma_B^2 = \frac{n \cdot p \cdot \mu_B^2}{n^2 \cdot p^2} \quad (35)$$

ist. Diese Gleichung kann umgeformt werden in:

$$\boxed{\lambda = \frac{\mu_B^2}{\sigma_B^2}} \quad (36)$$

Mit Hilfe der Gleichung (36) kann man "analytisch", d.h. ohne Kenntnis der Daten und Abmessungen des Spangutes und der Beleimungsmaschine, λ allein aus der Streuung und dem Mittelwert des vorliegenden beleimten Spangutes errechnen.

3.212 6 Anwendung der Formeln bei kontinuierlich arbeitenden Maschinen

Grundsätzlich gelten die oben abgeleiteten Beziehungen auch bei kontinuierlich arbeitenden Maschinen. Die Beleimungsdauer t errechnet sich hier aus der Durchgangsgeschwindigkeit der Späne v_d und der Länge der Maschine L_M zu $t = L_M / v_d$. Der Einfluß einer eventuellen verschiedenen Verweilzeit der Späne in der Maschine auf die Bindemittelverteilung wird in 3.231 beschrieben.

3.213 Diskussion der Ergebnisse

Aus der theoretischen Ableitung ergibt sich, daß die Form und die Streuung der BM-Verteilung maßgeblich durch die Verteilung der Anzahl x_E des Erscheinens der Späne in der Sprühzone bestimmt wird. Die Verteilungen für x_E sind Poissonsche Verteilungen, aus denen die BM-Verteilungen berechnet werden können. Die BM-Verteilungen gehorchen also nur indirekt dem Poissonschen Verteilungsgesetz. Trotzdem kann aus ihnen mit Hilfe der Gleichung (36) "analytisch" die Kennzahl λ der Verteilung für x_E berechnet werden, ohne daß diese Verteilung berechnet und konstruiert zu werden braucht. Bei der Berechnung von λ nach Gleichung (36) muß nur das beleimte Spangut vorliegen, ohne daß die Bauart und Arbeitsweise der verwendeten Beleimungsmaschine bekannt zu sein braucht. Nach den in 6.3 angegebenen Verfahren kann die BM-Verteilung des beleimten Spangutes bestimmt werden und aus den Meßwerten die Streuung und der Mittelwert der Verteilung nach Gleichung (34a) bzw. (31) berechnet werden, so daß sich nach Gleichung (36) die Kennzahl λ ergibt.

Sind andererseits die Konstruktionsmerkmale und die Arbeitsweise einer Beleimungsmaschine bekannt, ohne daß ein in ihr beleimtes Spangut vorliegt, so kann in diesem Falle mit Hilfe der Gleichungen (33) oder (33a) die Kennzahl λ der sich ergebenden BM-Verteilung "synthetisch" berechnet werden. Aus der Gleichung (33) geht hervor, daß das λ der sich ergebenden BM-Verteilung einmal von der Beschaffenheit des zu beleimenden Spangutes und zum anderen von der Arbeitsweise der Beleimungsmaschine beeinflußt wird.

Das λ fällt bei sonst konstanten Einflußgrößen ab, wenn die spezifische Oberfläche der Späne größer wird, d.h. ihre Dicke und die Rohwichte der Holzart geringer wird oder das in die Maschine eingebrachte Spangut vermehrt wird. Von Seiten der Beleimungsmaschine wird λ derart beeinflußt, daß es proportional v, t und F_{spr} und umgekehrt proportional L ist. Diese Größen müssen also geeignet dimensioniert werden, wenn bei einem Spangut mit gegebenem F und G ein bestimmtes λ erreicht werden soll.

In Abbildung 33 sind über λ die $\varphi(x_E)$ aufgetragen, die sich ergeben, wenn der Beleimungsvorgang nach den getroffenen Annahmen abläuft und damit die Verteilung der x_E exakt dem Poissonschen Verteilungsgesetz

gehorcht. Aus der graphischen Darstellung ist zu entnehmen, daß mit
wachsendem λ die Häufigkeit der Späne, die gar nicht durch die Sprühzone geführt worden sind (x_E = 0), stark abfällt. Während bei λ = 0,5
$\varphi(x_E)$ = 0,6 und bei λ = 1 $\varphi(x_E)$ = 0,37 ist, ist bereits ab λ = 6
(x_E) = 0, d.h. daß nach dem Beleimungsvorgang keine Späne vorliegen,
die kein BM erhalten haben. Entsprechendes gilt für die anderen niedrigen Werte von x_E. Mit wachsendem λ werden die $\varphi(x_E)$-Werte für kleine
x_E geringer und damit die BM-Verteilung gleichmäßiger (s. 3.212 5).

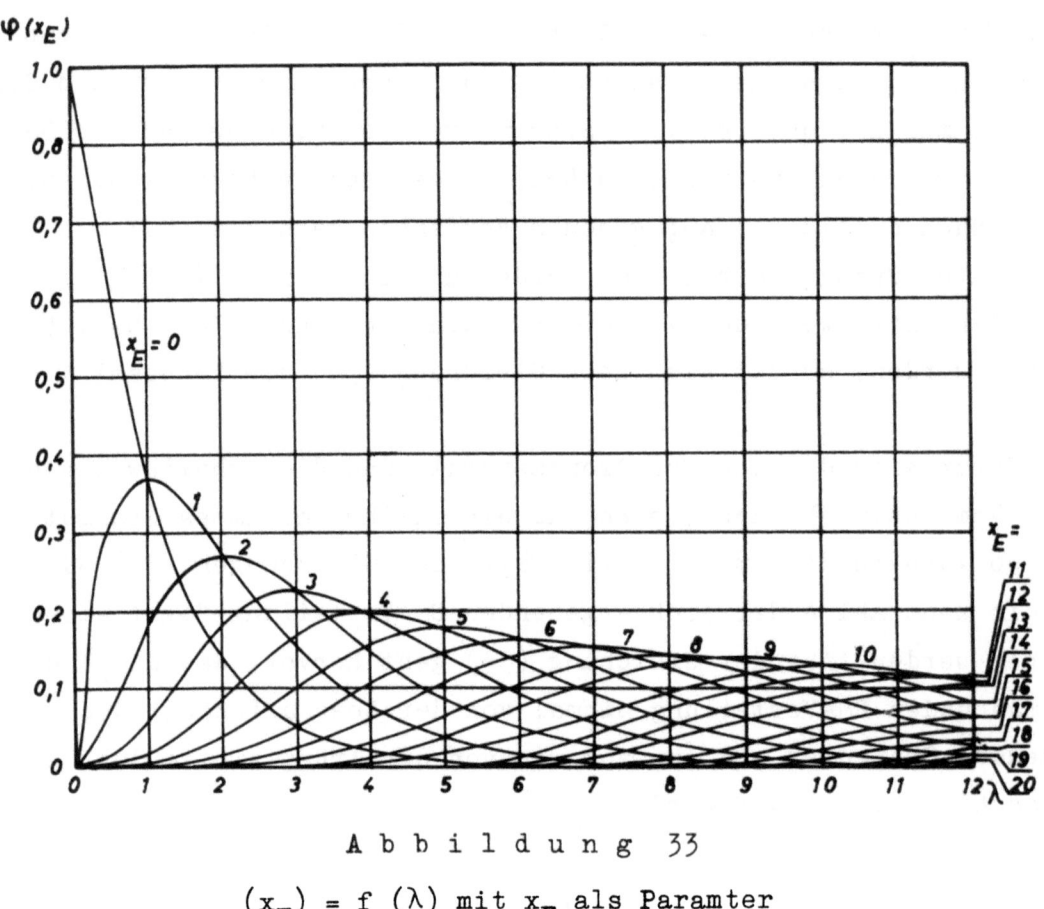

Abbildung 33

(x_E) = f (λ) mit x_E als Paramter

3.22 Experimentelle Bestätigung der abgeleiteten Beziehungen

Um aus der Konstruktion und der Arbeitsweise der Beleimungsmaschine
und den Abmessungen der Späne die sich ergebende BM-Verteilung errechnen zu können, mußte für die theoretische Herleitung der Beleimungsvorgang idealisiert werden. Durch eine Versuchsreihe wurde geprüft, ob
diese Annahmen bei vernünftiger Ausbildung der Beleimungsmaschine zu-
treffend sind und die theoretischen mit den experimentellen Ergebnissen
übereinstimmen.

Eine wesentliche Voraussetzung für das Übereinstimmen der gemessenen mit den berechneten BM-Verteilungen ist, daß die Annahme in 3.222 1, nach der jeder Span mit gleicher Wahrscheinlichkeit in die Sprühzone gelangt, beim Versuch weitgehend erfüllt wird. Das Spangut muß also intensiv gemischt werden, damit dieser Idealfall erreicht wird und die BM-Verteilung dem Poissonschen Verteilungsgesetz gehorcht. Um bei der experimentellen Bestätigung der Theorie die Annahmen, nach denen gerechnet wurde, möglichst genau einzuhalten, wurde die Instituts-Beleimungsmaschine mit einer zusätzlichen Mischeinrichtung versehen (s. experimentelle Angaben 6.8).

Einen ähnlichen negativen Effekt wie eine ungenügende Mischung der Späne würde ein veränderlicher spezifischer BM-Strom über der Breite der Beleimungstrommel ergeben, besonders dann, wenn bei einer diskontinuierlich arbeitenden Maschine die Späne durch den Mischeffekt nur ungenügend und langsam in Richtung der Trommelachse bewegt werden. Die Annahme und Forderung, daß alle Späne mit der gleichen Wahrscheinlichkeit in die Sprühzone gelangen, ist nämlich nur dann sinnvoll, wenn sie beim Erscheinen in der Sprühzone immer die gleiche spez. BM-Menge B_F'' erhalten, also nur in Verbindung mit der Annahme in 3.211 2, daß innerhalb der Sprühzone der spez. BM-Strom konstant ist. Abbildung 34 zeigt den Verlauf von B_Z' über der Länge der Trommel bei a) zwei feststehenden Düsen, b) einer Düse mit Drehbewegung (mit sinusförmigem Verlauf der Winkelgeschwindigkeit) und c) einer Düsengruppe mit translatorischer Bewegung. Innerhalb dieser Versuchsreihe wurden die Späne mit der Spritzvorrichtung nach Abbildung 34c beleimt. (s. experimentelle Angaben 6.8.) Die Späne wurden mit einer nur geringen spez. BM-Menge B_F (3,3 p/100 pH) beleimt, damit auch die Späne, die oft in die Sprühzone erschienen und damit bei großer B_G (vor allem bei kleinem λ) eine sehr große B_F' erhielten, das BM nicht auf andere mit geringem B_F' auf Grund des in 2.2 beschriebenen Abstreifeffektes übertragen konnten.

Es wurden 4 Chargen Späne mit derselben spezifischen BM-Menge B_G, jedoch verschiedenem λ, also verschiedener BM-Verteilung beleimt. Die Änderung von λ wurde bei sonst gleicher Arbeitsweise der Maschine durch Veränderung der Beleimungsdauer und des BM-Durchsatzes erreicht. Nach dem in 6.3 angegebenen Verfahren wurde von je 50 Spänen (also von je 100 Spandeckseiten) die B_F' gemessen und die Meßwerte in gleiche Klassen von der Breite 0,5 $[p/m_F^2]$ eingeteilt. Abbildung 35a zeigt die

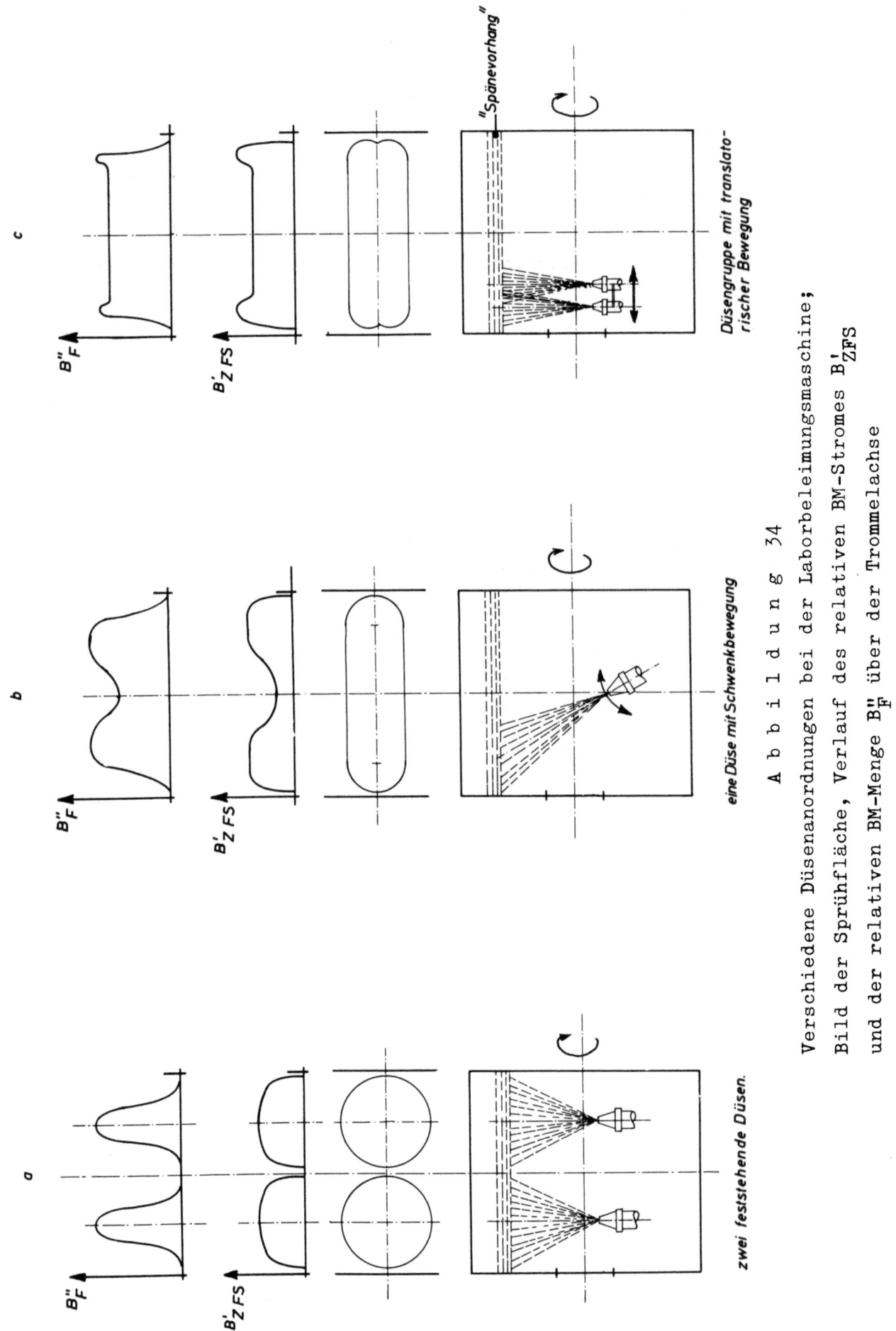

Abbildung 34

Verschiedene Düsenanordnungen bei der Laborbeleimungsmaschine; Bild der Sprühfläche, Verlauf des relativen BM-Stromes B'_{ZFS} und der relativen BM-Menge B''_F über der Trommelachse

gemessenen BM-Verteilungen. Aus den Einzelwerten wurde die Streuung σ_B^2 und zur Kontrolle der Mittelwert μ_B errechnet. Nach Gleichung (33) wurde für jede Verteilung das λ und nach der Beziehung (12) die B_F' errechnet.

In 3.421 war die Annahme getroffen, daß ein Span beim Durchqueren der Sprühzone auf deren ganzer Länge mit BM versehen wird, er also bei jedem Erscheinen in der Sprühzone gleichviel BM enthält, so daß nach Beendigung des Beleimungsvorganges sein B_F' ein Vielfaches von B_F'' ist. Die Klassenmitten der BM-Verteilungen wurden deshalb in Abbildung 35b so gewählt, daß sie, durch die entsprechenden B_F'' dividiert, die ganzzahligen x_E-Werte ergeben.

Durch eine Reihe kurz aufeinanderfolgender Momentaufnahmen (Filmapparat) wurde die Kinematik der Spanbewegung in der Sprühzone festgehalten. Aus den Bildern wurde L und v ermittelt und geprüft, ob die Späne beim Durchqueren der Sprühzone nur auf einer Seite mit BM versehen werden, oder ob sie infolge einer Drehbewegung beidseitig beleimt werden (s. experimentelle Angaben 6.8).

In Abbildung 35c sind die gemessenen Häufigkeiten $f(x_E)$ und die entsprechenden theoretisch berechneten $\varphi(x_E)$ über der Anzahl x_E des Erscheinens der Späne in der Sprühzone aufgetragen. (Es muß berücksichtigt werden, daß keine gleichmäßige Klassenbreite vorliegt. Die Klassenbreite des Nullwertes beträgt die Hälfte der anderen.)

Man erkennt, daß die theoretische berechneten Kurven, wenn auch nicht genau, mit den experimentell ermittelten übereinstimmen. Das Abweichen der gemessenen von den theoretischen Verteilungskurven wurde mit Hilfe der $\varkappa^2$ Verteilung von PEARSON geprüft. Mit Ausnahme der Kurve 2 ergab sich, daß die berechneten $\varkappa^2$ oberhalb der Sicherheitspunkte für P = 0,95 lagen, also die Abweichungen nicht als rein zufällig zu betrachten sind. Die Übereinstimmung zwischen den gemessenen und den gerechneten Werten dürfte jedoch für die Praxis völlig ausreichen.

Ein Vergleich der Kurven a und b der Abbildung 35 zeigt, daß die bei den Ableitungen in 3.212 getroffene Annahme, daß jeder Span beim Durchgang durch die Sprühzone immer die gleiche B_F' erhält, beim Versuch nicht ganz erfüllt wird. Würde der Beleimungsvorgang exakt nach dieser

Annahme verlaufen, so müßte jedes B_F' ein Vielfaches von B_F'' sein, also die Häufigkeitsverteilungen der gemessenen B_F' mit den Kurven b identisch sein. Die Verteilungen der Meßwerte zeigen jedoch (besonders bei kleinem λ), daß nicht nur die nach der Theorie zu erwartenden B_F'-Werte gefunden werden, sondern auch beliebige Zwischenwerte. Diese Tatsache kann dadurch erklärt werden, daß der Beleimungsvorgang in praxi nicht exakt nach den Voraussetzungen, unter denen gerechnet wurde, abläuft:

1. Entgegen der Voraussetzung, daß die Späne in Form eines einschichtigen Vlieses durch die Sprühzone geführt werden, zeigt die Filmaufnahme, daß sie sich teilweise gegenseitig überdecken und übereinanderschieben, so daß möglicherweise ein Span bei einem Durchgang durch die Sprühzone nur auf einem Teile seiner Oberfläche beleimt wird, oder er nur auf einem Teil der Länge L der Sprühzone Bindemittel erhält.

2. Die Sprühzone ist in der Praxis nicht - wie angenommen - genau rechteckig, so daß ihre Länge L über der Breite der Trommel verschieden ist. Auch der relative BM-Strom B'_{ZFS} ist entgegen der Annahme nicht über der Sprühzone konstant.
Sind B'_{ZFS} und L nicht konstant, so ergeben sich auch für B_F'' verschiedene Werte innerhalb der Sprühzone nach der Beziehung $B_F'' = B'_{ZFS} \cdot \frac{L}{v}$ (s. Abb. 34).

3. Die Späne fallen nicht alle - wie angenommen - so durch die Sprühzone, daß ihre Deckseiten parallel zur Sprühfläche liegen. Entsprechend dem Winkel zwischen Spanoberfläche und Sprühzone können die Späne eine geringere B_F' erhalten.

4. Die Geschwindigkeit v, mit der die Späne durch die Sprühzone geführt werden, ist im allgemeinen nicht für jeden Span gleich, da bei den meisten Sprühbeleimungsmaschinen die Späne entweder durch die Sprühzone geworfen werden oder sie infolge des freien Falles durchqueren. Die Geschwindigkeit ist dann abhängig von dem Verhältnis der Masse (d.h. Dicke, Rohwichte) zur Oberfläche des Spanes.

Infolge dieser Einflüsse stellen sich nicht die genauen theoretischen Werte ein. Die gemessenen B_F' streuen um die theoretischen. Wird jedoch die "Urverteilung" umgewandelt in eine Verteilung, deren Klassenbreite gleich den rechnerischen B_F'' ist, und die sich in jeder Klasse befindlichen Werte dem theoretisch zu erwartenden Wert zugeschlagen, ergibt sich die oben gezeigte annähernde Übereinstimmung zwischen gerechneten und theoretischen Werten.

Anhand dieser Versuchsreihe wurde außerdem geprüft, ob die "analytische" Bestimmung von λ aus der Streuung und dem Mittelwert der BM-Verteilung nach Formel (35) mit der "synthetischen" aus den Maßen und Daten der

Maschine und der Späne nach der Gleichung (33) übereinstimmt. Die Meßmethoden für v und L sind in 6.8 beschrieben.

Die Rechnung ist in Tabelle 4 durchgeführt. Sie ergibt eine gute Übereinstimmung der "synthetisch" und der "analytisch" gewonnenen (der gemessenen und der gerechneten) Werte und zeigt deutlich, daß die aus der Theorie hervorgehende Proportionalität zwischen der Beleimungsdauer t und durch den Versuch bestätigt wird. Auch Abbildung 35c zeigt, daß die λ der gemessenen Verteilungen den abgeleiteten Gesetzen gehorchen und proportional der Beleimungsdauer t sind.

Zusammenfassend kann festgestellt werden, daß bei günstiger Ausbildung der Beleimungsmaschine die zu erwartenden BM-Verteilungen mit den berechneten übereinstimmen und dem Poissonschen Verteilungsgesetz gehorchen.

<u>Tabelle 4</u>
Berechnung der Kennzahlen
Vergleich der berechneten mit den gemessenen Bindemittel-Verteilungen

	"analytisch"			"synthetisch"										
	σ^2_B	μ_B	λ_a	t	B_{zL}	K	B_{ZFS}	d_{spr}	F_{spr}	B'_{ZFS}	L	v	B''_F	λ_s
	[p/m²]			[s]	[p/s]	[%]	[p/s]	[cm]	[m²]	[p/m²s]	[m]	[m/s]	[p/m²]	
1	0,144	1,65	19	610	0,105	50	0,0552	21	0,035	1,57	0,16	2,8	0,090	18,3
2	0,72	1,65	3,8	100	0,644	50	0,322	25	0,049	6,55	0,19	2,8	0,445	3,71
3	2,80	1,65	0,97	27	2,44	50	1,220	24	0,045	27,1	0,18	2,8	1,74	0,92
4	4,15	1,65	0,66	21	3,03	50	1,515	22	0,038	39,9	0,17	2,8	2,42	0,68

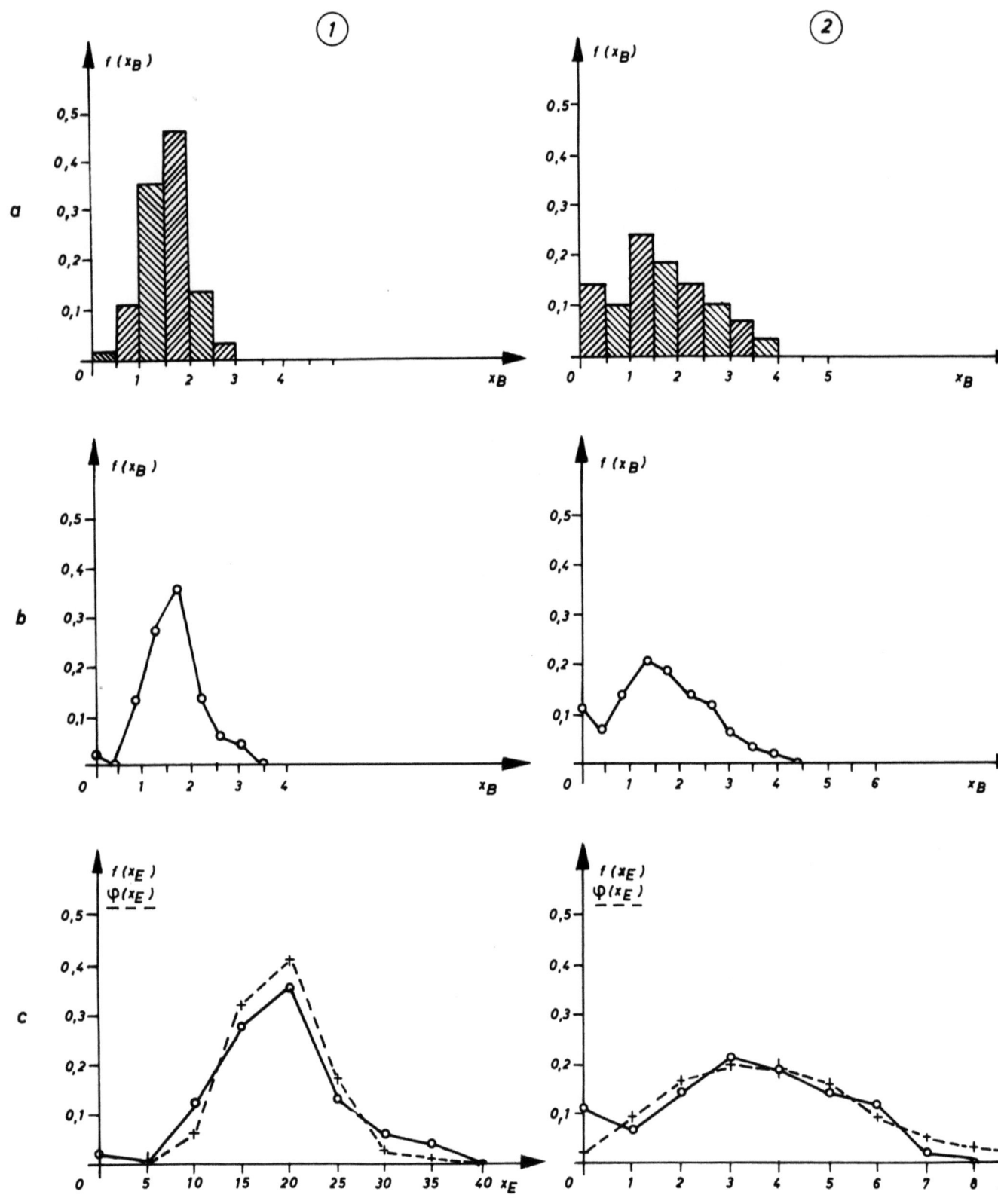

Abb
Vergleich der gemessenen mit

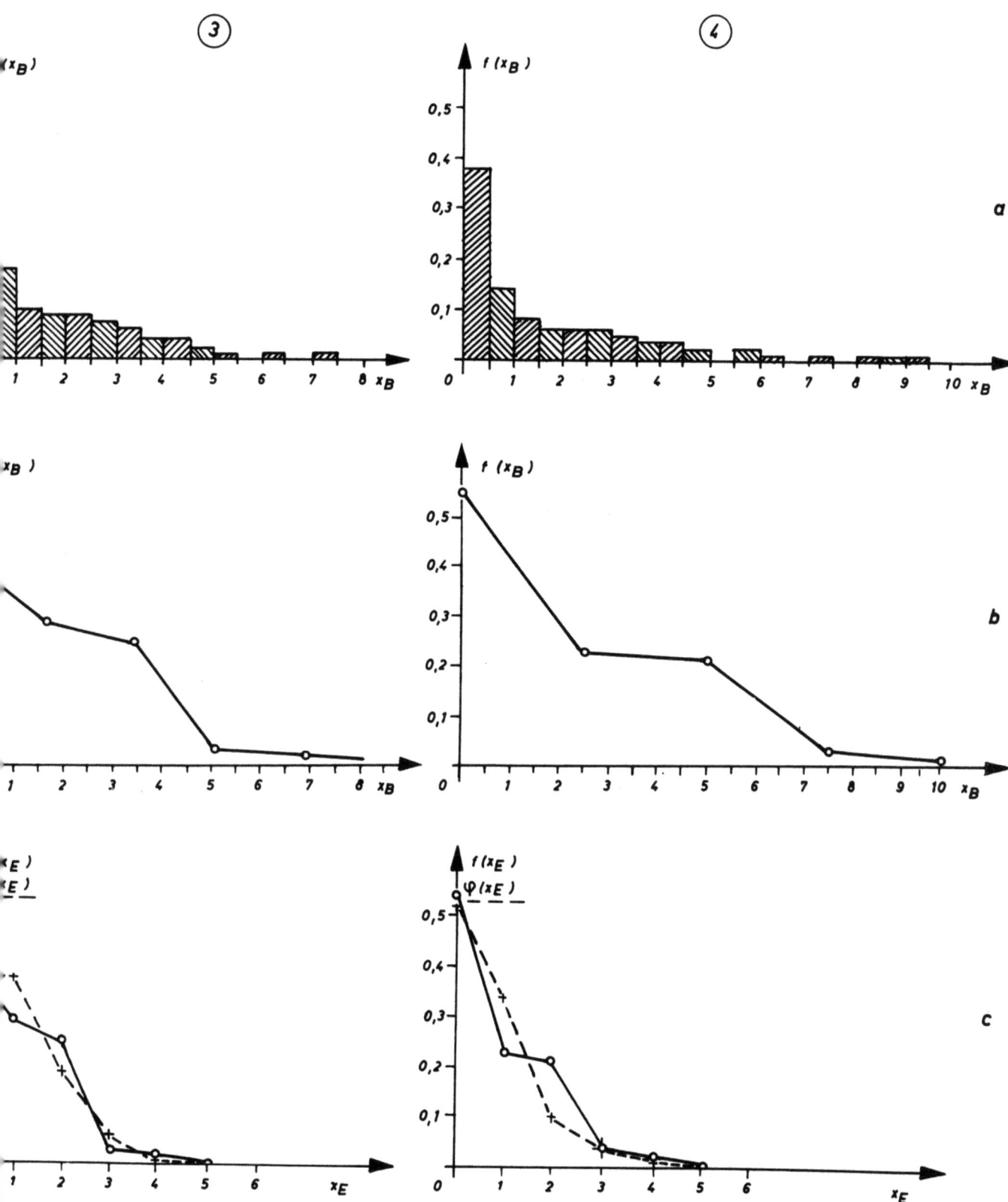

ng 35
chneten Bindemittelverteilungen

3.23 Abhängigkeit der BM-Verteilung von der Beleimungstechnik

3.231 Allgemeines, Abweichen der BM-Verteilungen vom Poissonschen Verteilungsgesetz

Beim Sprüh-Umwälz-Beleimungsverfahren, wie es in 2.2 beschrieben ist, kann praktisch und theoretisch nicht erreicht werden, daß jeder Span mit der gleichen B_F' (die dann dem rechnerischen Mittelwert entsprechen würde) versehen wird; nach den Gesetzen der Wahrscheinlichkeitsrechnung erhalten die Späne verschiedene B_F'.

Die optimale BM-Verteilung, die man bei gegebenem λ einer Beleimungsmaschine erreichen kann, ist die, die dem Poissonschen Verteilungsgesetz der seltenen Ereignisse gehorcht, sie ist also ein anzustrebender Idealfall. Dieser Idealfall wird erreicht, wenn die in 3.212 getroffene Annahme, daß die Wahrscheinlichkeit, in die Sprühzone zu gelangen, für jeden Span gleich groß ist, durch eine geeignete Konstruktion der Beleimungsmaschine erfüllt wird.

Ist die Gewähr dafür gegeben, daß die BM-Verteilung dem Poissonschen Verteilungsgesetz gehorcht, so kann durch geeignete Dimensionierung der Sprühfläche F_{spr}, die Spänefüllung der Maschine G, der Beleimungszeit t, der Umwälzgeschwindigkeit v und der Länge der Sprühzone die Kennzahl λ der Verteilung so beeinflußt werden, daß sich eine günstige BM-Verteilung ergibt.

Um eine Bindemittelverteilung mit geringer Streuung zu erzielen, müssen also grundsätzlich zwei Forderungen erfüllt werden:

1. Der <u>Mischeffekt</u> der Beleimungsmaschine muß so intensiv sein, daß der Idealfall der Poissonschen Verteilung erreicht wird.

2. Der <u>Umwälzeffekt</u> muß durch geeignete Dimensionierung der oben genannten Größen so beeinflußt werden, daß sich eine möglichst große Kennzahl λ ergibt.

Beim technischen Beleimungsvorgang wird beiweitem nicht immer die 1. Forderung erfüllt. Die Auswirkung eines ungenügenden Mischeffektes auf die Form der BM-Verteilung wurde durch Parallelversuche zu den Versuchen in 3.22 untersucht. Es wurden Späne unter den gleichen Bedingungen, jedoch ohne die zusätzliche Mischvorrichtung beleimt, so daß sich also "synthetisch" die gleiche Kennzahl λ ergibt. Wie in 3.22 wurden aus den BM-Verteilungen die Verteilungen für x_E gewonnen. Abbildung 36 zeigt die Verteilungen b für x_E von den Spänen, die ohne die "Zusatzmischung" beleimt wurden und zum Vergleich die gemessenen Verteilungen a aus 3.22.

Die Verteilungen b haben bei hohem x_E und um Null gegenüber a größere Häufigkeitswerte $f(x_E)$, während die $f(x_E)$-Werte im Bereich des rechnerischen Mittelwertes kleiner sind. Bei 4b ist diese Tendenz stärker erkennbar als bei 1b.

Diese Tatsache läßt sich wie folgt erklären: Zu Beginn des Beleimungsvorganges gelangen nicht alle Späne mit der gleichen Wahrscheinlichkeit in die Sprühzone, da die Späne, die vor Beginn der Umwälzung an der Oberfläche des Spangemisches liegen, mit der Wahrscheinlichkeit $p = 1$ bei der ersten Umdrehung der Trommel einen BM-Auftrag erhalten, während die, die in der Mitte liegen, mit Gewißheit nicht beleimt werden. Ist der Mischvorgang nur ungenügend, so ist auch bei der zweiten Umdrehung die Wahrscheinlichkeit, Bindemittel zu erhalten für einen Span, der beim ersten Mal beleimt wurde, größer, als für einen anderen.
Nach mehreren Arbeitstakten der Maschine kehren sich die Verhältnisse um. Die Späne, die anfangs viel Bindemittel erhielten, gelangen jetzt mit geringerer Wahrscheinlichkeit in die Sprühzone als die, die sich anfangs innerhalb des Spangutes befanden und jetzt an der Oberfläche liegen. Bei längerer Beleimungsdauer t gelangt so ein Span mehrmals von den Außenzonen des Spangutes in dessen Mitte und dann wieder nach außen. Seine Grundwahrscheinlichkeit p, in die Sprühzone zu gelangen, wechselt zwischen 1 und 0 und ließe sich über der Zeit als Kurve auftragen. Bei wachsendem t nähert sich der Mittelwert der Kurve der rechnerischen Grundwahrscheinlichkeit p, so daß die Annahme bei der Rechnung, daß jeder Span mit der gleichen Wahrscheinlichkeit in die Sprühzone gelangt, nahezu realisiert wird. Bei geringerer Beleimungsdauer t dagegen nähern sich die Mittelwerte der momentanen Grundwahrscheinlichkeit nur ungenügend dem theoretischen Wert an, so daß die Forderung nach gleichem p für alle Späne nicht erfüllt wird.

Die $f(x_E)$-Werte der Kurven 4b und 1b liegen bei $x_E = 0$ und bei großen x_E-Werten oberhalb der $\varphi(x_E)$-Werte, weil die Forderung nach gleicher Grundwahrscheinlichkeit p für jeden Span nicht erfüllt ist. Bei Kurve 4b

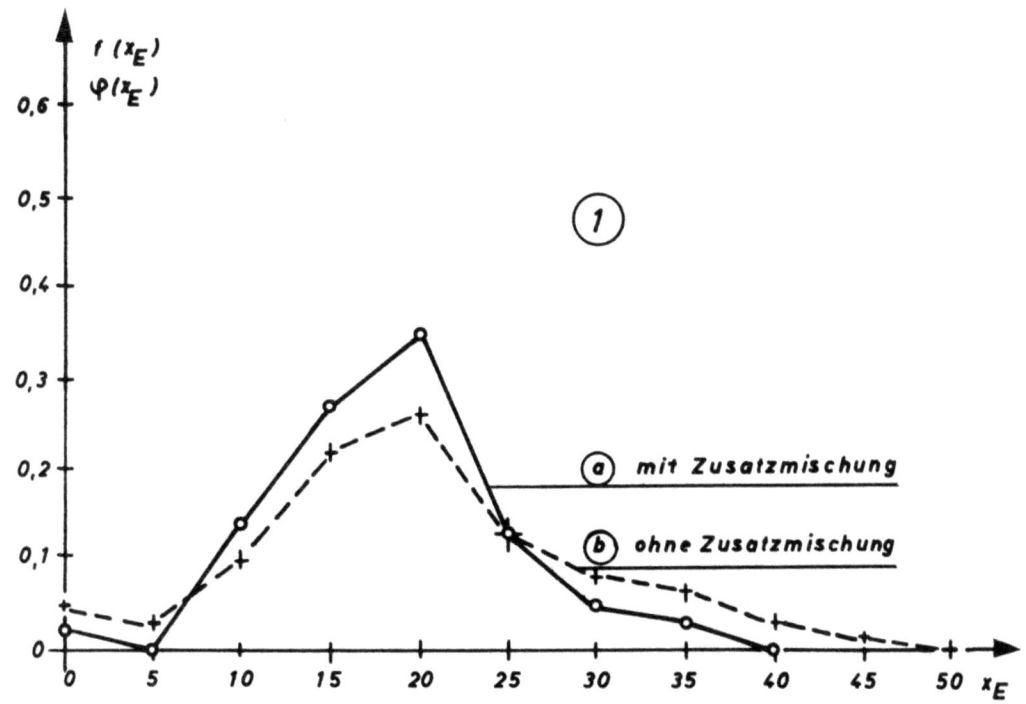

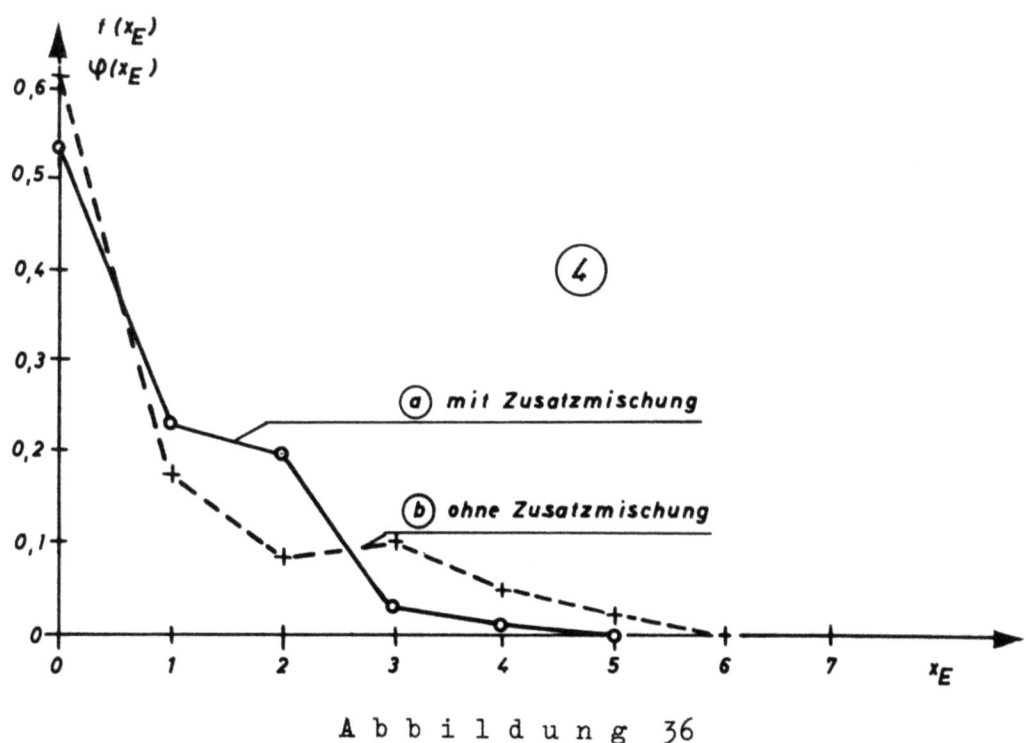

Abbildung 36

Einfluß eines ungenügenden Mischeffektes auf die
Form der Bindemittel-Verteilung

ist die Abweichung bedeutend größer als bei 1b, da hier wegen der längeren Beleimungsdauer t aus den obengenannten Gründen die Annahme, daß jeder Span mit gleichem p in die Sprühzone gelangt, besser realisiert wird.

Bei kontinuierlich arbeitenden Beleimungsmaschinen kann der negative Effekt, daß die Wahrscheinlichkeit, in die Sprühzone zu gelangen, nicht für jeden Span gleich ist, dadurch erhöht werden, daß die Verweilzeit für die einzelnen Späne in der Maschine verschieden ist. Durch ein längeres Verweilen eines Spanes wird seine Grundwahrscheinlichkeit dafür, daß er in die Sprühzone gelangt, gegenüber einem, der schneller durch die Maschine läuft, erhöht.

3.232 Untersuchung des Wirkungsgrades einer Beleimungsmaschine

In welchem Maße die Festigkeit des Einzelspanes in den Verband der Platte übertragen wird, hängt vorwiegend von der Festigkeit der Leimfugen ab, die die einzelnen Späne verbinden.

Die Festigkeit der Leimfugen zwischen den Spänen wird durch viele Faktoren bestimmt; z.B. spez. BM-Menge B_F, den Zerteilungsgrad des BM, den Preßdruck und die Holzfeuchtigkeit bei der Verleimung, die Beschaffenheit der Spanoberfläche, die Spandicke usw.

Der "Wirkungsgrad" einer Beleimungsmaschine drückt aus, in welchem Maße die Festigkeit der Einzelspäne infolge des Einflusses der Qualität der Beleimung (also die BM-Verteilung und -Zerteilung) bei konstanten anderen Einflußgrößen in den Verband der Platte übertragen wird.

Im allgemeinen wird der "Wirkungsgrad" einer Beleimungsmaschine mittelbar bestimmt durch den Vergleich der Festigkeiten:

1. einer Holzspanplatte, die aus Spänen hergestellt wurde, die mit der zu untersuchenden Beleimungsmaschine beleimt wurden und

2. einer Platte, die unter gleichen Bedingungen hergestellt wurde, deren Späne jedoch in der Labor-Beleimungsmaschine beleimt wurden.

Die Festigkeit der Platten, deren Späne laboratoriumsmäßig beleimt wurden, wird als 100 angenommen, so daß bei der Untersuchung mehrerer Maschinen ein fester Vergleichsmaßstab vorliegt. Der Vorteil dieses Verfahrens liegt in seiner schnellen Handhabung und seiner direkten Aussagekraft für die Praxis, da als Maßstab ein Festigkeitsunterschied angegeben werden kann.

Auch bei großer B_G, bei welcher eventuell ein Abstreifen des Bindemittels von Spänen mit großer B_F' an solche, die noch kein Bindemittel erhalten haben, möglich ist, wird dieser Effekt durch den Festigkeitsvergleich berücksichtigt.

Nachteilig bei diesem Verfahren ist, daß der Begriff "Wirkungsgrad" nicht genau definiert ist. Wie oben angedeutet, hängt die Festigkeit der BM-Fugen von mehreren unabhängigen Faktoren ab. Bestimmt man also den "Wirkungsgrad" einer Beleimungsmaschine, indem man die Festigkeit von Platten mit bestimmter Rohwichte, B_G und Spanform vergleicht, so erhält man einen anderen Wert des "Wirkungsgrades", als bei Vergleich von Platten, bei denen Rohwichte, B_G und Spanform verändert wurden. Es ergeben sich auch unterschiedliche Werte, wenn man die verschiedenen technologischen Kennzahlen der Platten (die Biege-, Querzug- und Zugfestigkeit) zur Bestimmung des "Wirkungsgrades" heranzieht. Es wäre deshalb günstiger, beim Vergleich zweier Beleimungsmaschinen Kenngrößen angeben zu können, aus denen unabhängig von anderen Einflußgrößen bei der Spanplattenherstellung hervorgeht, in welchem Maße bei einer bestimmten B_G die Einzelfestigkeit der Späne in den Verband der Platte übertragen wird. Da von Seiten der Beleimungsmaschine durch die Ver- und Zerteilung des durch sie auf die Späne aufgebrachten BM bestimmt wird, in welchem Maße die Einzelfestigkeit der Späne in den Verband der Platte übertragen wird, kann der "Wirkungsgrad" der Maschine unabhängig von anderen Größen durch zwei Kennzahlen definiert werden:

1. <u>Den Zerteilungsgrad</u>, mit der die Maschine das Bindemittel auf die Späne aufbringt.

    Als Kennzahl kann entweder der Mittelwert der Tröpfchengröße (evtl. mit der Streuung der Verteilung der Tröpfchengröße) oder der Zerteilungsgrad (also die Oberfläche der Tröpfchen, die aus 1 cm^3 BM-Lösung gewonnen werden) angewendet werden.

2. <u>Die BM-Verteilung</u>, die durch die Maschine bei bestimmten Verhältnissen erreicht wird.

Als Kennzahl kann die für die BM-Verteilung charakteristische Zahl λ_K verwendet werden, wenn man die Größen, die nicht von der Bauart und Konstruktion der Maschine abhängen, gleich 1 setzt.

λ ist nach Formel (33):

$$\lambda = n \cdot p = \frac{B_G \cdot r_o \cdot d \cdot v}{0,2 \cdot B'_{ZFS} \cdot L}$$

Hieraus ergibt sich λ_K zu:

$$\lambda_K = \frac{v}{B'_{ZFS} \cdot L} \qquad (38)$$

3.233 Anwendung der Erkenntnisse auf die optimale Auslegung einer Beleimungsmaschine

Bei der Konstruktion einer Beleimungsmaschine sind zwei Forderungen zu erfüllen, die sich zum Teil entgegenstehen:

1. auf die Späne soll das Bindemittel fein zerteilt und verteilt aufgebracht werden.

2. Die Maschine soll wirtschaftlich arbeiten, also einen möglichst großen Spänedurchsatz haben.

Die Forderung nach möglichst feiner Zerteilung des Bindemittels ist in 3.41 behandelt worden. Ohne auf konstruktive Einzelheiten einzugehen, soll hier untersucht werden, welche Merkmale eine Beleimungsmaschine aufweisen muß, damit eine gute Verteilung des BM erreicht wird, ohne daß die zweite Forderung nach einem großen Durchsatz vernachlässigt wird.

Die Gleichungen (17a), (25), (25a) und (28) zeigen, von welchen Faktoren und Konstruktionsmerkmalen eine gute BM-Verteilung abhängt:

$$\lambda = n \cdot p$$

Mit $p = p_1$ ergibt sich:

$$\lambda = \frac{v \cdot F_{spr} \cdot t}{2 L} \cdot \frac{r_o \cdot d}{G} \qquad (39)$$

und mit p = p$_2$:

$$\lambda = \frac{v \cdot F_{spr} \cdot t}{L} \frac{r_o \cdot d}{G} \qquad (40)$$

Wie in 3.212 3 beschrieben ist, gilt Formel (40), wenn die Späne bei einem Durchgang durch die Sprühzone gewendet werden und so auf beiden Seiten mit BM versehen werden, Formel (39) dagegen für den Fall, daß nur eine Spanseite beleimt wird.

Will man erreichen, daß die Verteilung des BM auf den Spänen möglichst gleichmäßig ist, so muß man versuchen, die Größen, die auf der rechten Seite der Gleichung im Nenner stehen, möglichst klein zu halten, die im Zähler möglichst groß.

Die Rohwichte der Späne r_o und ihre Dicke sind durch die Ausbildung der Maschine nicht zu beeinflussen, sie sind durch das zu beleimende Spangut gegeben. Eine Verringerung des eingesetzten Spangewichtes G und eine Verlängerung der Beleimungszeit t würden zwar λ wachsen lassen, aber die Leistung [bei kontinuierlicher Arbeitsweise den Spänestrom (Durchsatz)] der Beleimungsmaschine im gleichen Maße herabsetzen.

Ein großer Wert von λ wird also am besten durch geeignete Dimensionierung der Geschwindigkeit v, mit der die Späne durch die Sprühzone geführt werden, der Sprühfläche F_{spr} und der Länge L erreicht:

1. Die Geschwindigkeit v läßt sich nur bei Misch- und Umwälzverfahren beliebig vergrößern, bei denen die Späne durch von außen auf sie einwirkende Kräfte beschleunigt werden (z.B. rotierende Rührarme).

   Durchqueren die Späne die Sprühzone auf Grund des freien Falls wie bei der Labor-Beleimungsmaschine nach Abbildung 4, so ist v nicht zu beeinflussen, da es durch die Fallgeschwindigkeit der Späne, die von ihrer Dicke und Oberfläche abhängt, festgelegt ist.

2. Die Spritzfläche F_{spr} kann groß ausgebildet werden, indem

   a) die freie Oberfläche der Misch- und Umwälzvorrichtung im Verhältnis zu ihrer Füllhöhe entsprechend groß ausgebildet wird und

   b) das BM durch eine Vielzahl von Düsen mit großem Sprühkegelwinkel auf die Späne aufgebracht wird, so daß die Sprühfläche gleich der gesamten zur Verfügung stehenden freien Oberfläche der Umwälz- und Mischvorrichtung ist.

Abbildung 37 zeigt schematisch vier verschiedene Ausführungen von Beleimungsmaschinen, bei denen die Späne durch rotierende Rührarme gemischt und umgewälzt werden. Bei den Ausführungen 1 und 2 ist gegenüber 3 und 4 die zur Besprühung der Späne verfügbare freie Oberfläche im Verhältnis zum Spanvolumen klein.

Bei allen Maschinen ist jedoch der Querschnitt der Spanfüllung gleich. Bei gleicher Maschinenlänge und gleicher Spangeschwindigkeit v_L in Richtung der Maschinenachse ist die Beleimungsdauer t und nach der Formel $Q = F \cdot v_L$ der Spänestrom (in m^3/min) konstant.

Durch die verschiedene Ausbildung der zur Besprühung zur Verfügung stehenden freien Spanoberfläche und die verschiedene Anordnung der Düsen ergeben sich verschiedene Kennzahlen λ und damit verschiedene BM-Verteilungen. Die Kennzahlen λ für die einzelnen Maschinen sind unter der Annahme berechnet worden, daß alle Einflußgrößen, aus denen sich λ ergibt, konstant sind und nur F_{spr} verändert wird. Für Maschine 1 wurde $\lambda = 1$ angenommen. Aus den Kennzahlen λ wurde nach 3.212 5 die Verteilung für x_E und hieraus die BM-Verteilung errechnet. Dabei wurde ein rechnerischer Mittelwert der B_F von 3,3 $[p/m^2]$ angenommen.

Die Abbildungen zeigen deutlich, wie durch eine Vergrößerung der Sprühfläche die Kennzahlen λ und die sich daraus ergebenden BM-Verteilungen beeinflußt werden:
Vergrößert man die Sprühfläche, indem man - wie in Ausführung 2 dargestellt - die Anzahl der Düsen erhöht, so ergibt sich bei sonst gleicher Maschinenkonstruktion gegenüber Ausführung 1 eine bessere BM-Verteilung.

Ein Vergleich zwischen den Ausführungen 1 und 3 zeigt, daß allein durch eine Vergrößerung der für die Besprühung zur Verfügung stehenden freien Oberfläche der Misch- und Umwälztrommel keine Verbesserung der BM-Verteilung erreicht werden kann. Ein größeres λ kann erst dadurch erzielt werden, daß die ganze freie Oberfläche als effektive Sprühfläche ausgebildet wird, also entweder die Zahl der Düsen erhöht wird (wie bei Ausführung 4) oder der Sprühkegel der Düsen erweitert wird. Eine Vielzahl von Düsen hat gegenüber weniger Düsen mit großem Sprühkegelwinkel den Vorteil, daß die Forderung nach möglichst gleichem spezifischem BM-Strom B'_{ZFS} besser realisiert werden kann.

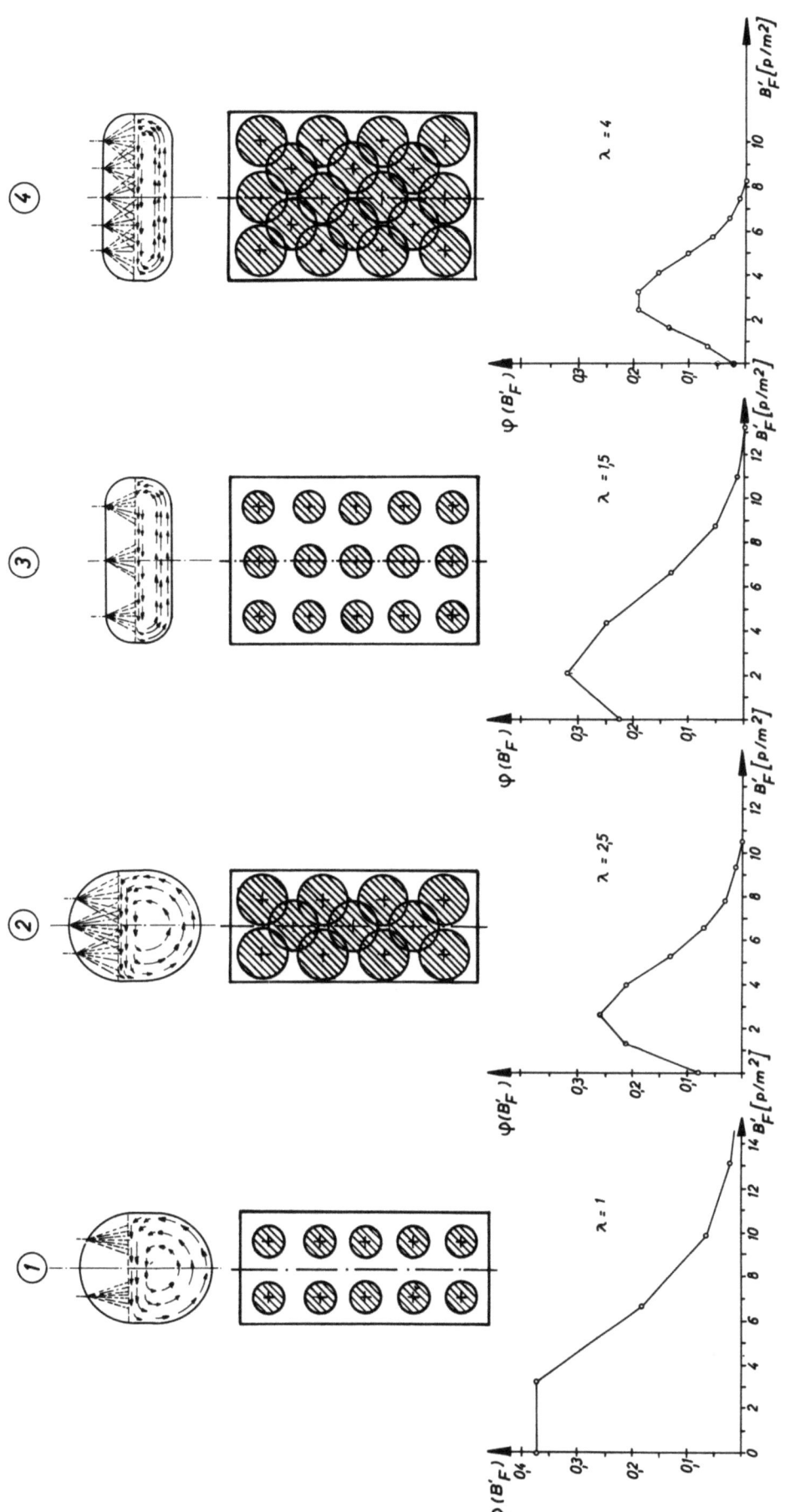

Abbildung 37

Verschiedene Ausbildung der Sprühfläche, Einfluß auf die Form der Bindemittel-Verteilung

Die hier am Beispiel eines Trogmischers abgeleiteten Beziehungen gelten analog auch bei Maschinen, bei denen die Späne auf andere Weise gemischt und umgewälzt werden.

In der Praxis ist diese Erkenntnis schon durch die Erhöhung der Düsenzahl auf vorhandenen Beleimungsmaschinen, also durch Vergrößerung ihrer Sprühfläche realisiert worden. Auch durch Hintereinanderschalten zweier Beleimungsmaschinen bei unveränderter Durchlaufzeit der Späne oder durch Parallelschalten zweier Maschinen und Halbieren der Verweilzeit der Späne kann die zu erreichende Kennzahl λ bei konstantem Spänestrom ("Durchsatz") verdoppelt werden.

3. Bei der theoretischen Ableitung der BM-Verteilung in 3.211 war für die Rechnung angenommen worden, daß die Späne beim Durchgang durch die Sprühzone auf derer ganzen Länge L (in Richtung des Geschindigkeitsvektors w der Späne) mit BM versehen werden (s. Abb. 38a).
In praxi trifft diese Annahme nicht immer zu. Die Späne werden im allgemeinen so umgewälzt, daß sie sich nur auf einem Teil L' der Länge L der Sprühfläche an der Oberfläche der Spänefüllung der Maschine befinden (s. Abb. 38b). Nach Gleichung (38) ist λ umgekehrt proportional der Länge, mit der die Späne durch die Sprühzone an deren Oberfläche geführt werden. Je kleiner also L' ist, desto besser ist bei sonst konstanten Faktoren die zu erreichende BM-Verteilung.

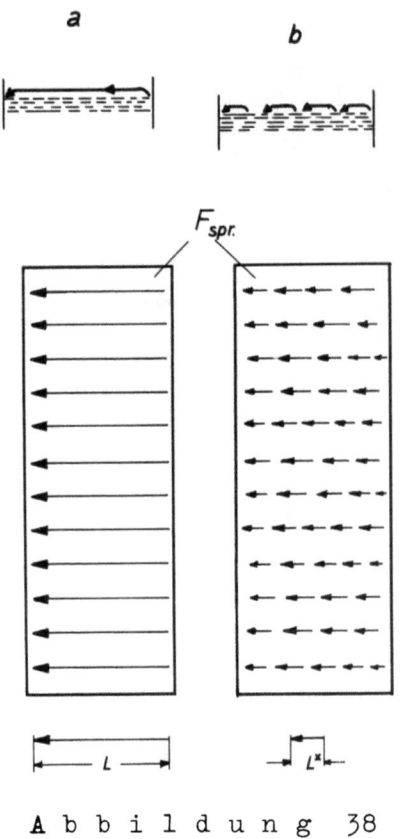

A b b i l d u n g 38

4. Werden die Späne bei einem Erscheinen in der Sprühzone nur auf einer
Seite mit BM versehen, so beträgt der Wert der Kennzahl λ der sich
ergebenden BM-Verteilung die Hälfte des λ, das zu erwarten ist, wenn
die Späne beim Durchqueren der Sprühzone gewendet werden (s. 3.212 3).

3.234 Berücksichtigung der BM-Verteilung bei der Laborbeleimung und der
Herstellung von Versuchsholzspanplatten

Bei Laborbeleimungsmaschinen wird in der Regel die Beleimungsdauer t
durch die Zeit bestimmt, die die Sprühdüse zum Zerteilen des eingesetzten BM benötigt. Die Sprühdauer hängt im Wesentlichen ab von der eingesetzten Menge des BM, dessen Viskosität und der Bauart der Düse (z.B. Düsendurchmesser).

Sollen in der Laborbeleimungsmaschine Späne beleimt werden und aus diesen Versuchsholzspanplatten hergestellt werden, aus deren Festigkeitseigenschaften auf einen Einfluß eines bestimmten Faktors bei sonst konstanten Bedingungen geschlossen werden soll, so ist darauf zu achten, daß die Späne mit derselben BM-Verteilung beleimt werden. Wird die Sprühzeit bei den vergleichenden Versuchen nicht konstant gehalten, so ergibt sich nach Gleichung (39) durch das veränderte t ein anderes λ. Der Festigkeitsunterschied der so hergestellten Platten kann also nicht allein auf die Veränderung der Variablen zurückgeführt werden, es muß der Einfluß der veränderten BM-Verteilung auf die Plattenfestigkeit berücksichtigt werden,

Der Einfluß der längeren Beleimungsdauer auf die verschiedenen BM-Verteilungen muß vor allem berücksichtigt werden, wenn bei Vergleichsplatten bei sonst konstanten Herstellungsbedingungen folgende Einflußgrößen verändert werden:

1. Die B_G: Die Beleimungsdauer t und damit λ wachsen im selben Verhältnis wie die spez. BM-Menge B_G.

2. Die Dicke der Platten: Die in die Maschine eingesetzte Spanmenge wird bei sonst gleichen Abmessungen der herzustellenden Platte größer und damit auch die zu beleimende Spanoberfläche und - bei gleicher B_G - die Beleimungsdauer. Es können sich also bei beiden Platten verschiedene BM-Verteilungen ergeben.

3. Die Viskosität des BM: Werden zwei gleiche Platten mit verschiedenem BM zur Gütekennzeichnung des Kunstharzes hergestellt, so ändert sich die Beleimungsdauer t bei verschiedener Viskosität der zu prüfenden BM durch die unterschiedliche Sprühzeit. Durch die verschiedenen

BM-Verteilungen ergeben sich Festigkeitsunterschiede, die nicht durch die Güte der BM bedingt sind.

4. Die Düse: Soll der Einfluß einer feineren Zerteilung des BM auf die Festigkeitseigenschaften der Platte untersucht werden, so wird man im Labor die verschiedenen Tröpfchendurchmesser durch verschiedene Düsendurchmesser und verschiedenen Preßluftaufwand erzielen. Im allgemeinen wird durch die verschiedenen Düsen auch die Beleimungsdauer t verändert. Der bei den Versuchsplatten gemessene Festigkeitsunterschied wird dann nicht nur durch die veränderte Zerteilung des BM, sondern auch durch seine verschiedenartige Verteilung beeinflußt.

5. Die Konzentration des BM: Eine verschiedene Konzentration des BM ändert im allgemeinen die Viskosität der zu versprühenden Lösung, so daß sich nach 3. der Durchsatz durch die Düse vergrößert. Durch das größere Volumen bei kleinerem K wird die Sprühzeit verlängert, so daß sich also ein anderes λ ergeben kann.

Der unerwünschte Nebeneinfluß einer verschiedenen BM-Verteilung auf die Festigkeitseigenschaften von Holzspanplatten läßt sich durch eine von der Viskosität und Menge des BM und der Größe der Düse unabhängige Zwangszuführung des BM zur Düse ausschalten (z.B. regulierbare Zahnradpumpe).

Aus der in 2.5 beschriebenen Kurve der Abhängigkeit der Plattenfestigkeit von der BM-Verteilung ist ersichtlich, daß der hier beschriebene Fehler, der durch verschiedene BM-Verteilungen bei Vergleichsplatten auftreten kann, im Bereich größerer λ unwesentlich ist. Er liegt innerhalb der Fehlergrenze. Bei kleinem λ jedoch werden nicht zutreffende Ergebnisse erzielt, da hier die Festigkeitswerte mit kleiner werdendem λ stark abfallen.

4. Technisch-wirtschaftliche Bedeutung der Ergebnisse

Die vorliegenden experimentellen Befunde gestatten es, die technisch-wirtschaftliche Bedeutung der Beleimung der Holzspäne im Rahmen der industriellen Holzspanplattenfabrikation zu kennzeichnen:

Aus den Untersuchungen in 2.5 ergab sich, daß die beiden primären Forderungen nach ausreichend feiner Zerteilung und hinreichend gleichmäßiger Verteilung des BM bei den technischen Beleimungsmaschinen bisher nicht erfüllt werden. Die Festigkeit der aus den technisch beleimten Spänen hergestellten Holzspanplatten kann um ca. 50 % erhöht werden, wenn die Späne in einer Laboratoriumsmaschine beleimt werden, d.h. das

BM fein zerteilt und gleichmäßig verteilt wird. Will man dagegen bei verbesserten Kennzahlen der Beleimung Holzspanplatten herstellen, deren Festigkeitseigenschaften denen der industriell gefertigten entsprechen, so kann man die B_G herabsetzen.

Um diese Verhältnisse experimentell zu kennzeichnen, wurden entsprechend den Versuchen in 2.5 Holzspanplatten hergestellt, deren Späne in der Laboratoriums-Beleimungsmaschine beleimt worden waren, bei denen aber die spez. BM-Menge B_G vermindert wurde. Diese Platten erreichten schon bei einer B_G von 6,4 [p/100 pH] die gleichen technologischen Kennzahlen wie die unter industriellen Verhältnissen gefertigten Erzeugnisse mit einer B_G von 8 [p/100 pH]. Durch die verbesserte Beleimung konnte also ein Erzeugnis gleicher Güte hergestellt werden, bei dem aber ca. 20 % des eingesetzten BM eingespart werden konnte.

Wie schon in 2 beschrieben, ist das BM bei der Holzspanplattenfabrikation ein wesentlicher Kostenfaktor. Der Kostenanteil des BM am Gesamtpreis der Platten beträgt ca. 20 %, während der des Holzes ca. 18 % und der der zusammengefaßten Fabrikationskosten ca. 62 % ausmachen. Kann man durch eine verbesserte Beleimung wie in dem obigen Beispiel ca. 20 % des eingesetzten BM bei gleicher Plattenqualität einsparen, so erniedrigen sich die Gesamt-Plattenkosten um ca. 4 %. Es muß hierbei allerdings berücksichtigt werden, daß bei einer Verbesserung der Beleimung die Fabrikationskosten ansteigen werden, da nach 3.1 und 3.233 die Investitions- und Energiekosten der Beleimungsmaschinen erhöht werden müßten. Nimmt man überschlägig an, daß 1,5 % der Fabrikationskosten auf die Beleimung der Späne entfallen und daß sich durch eine Verbesserung der Beleimung dieser Kostenanteil verdoppelt, so würde dennoch die Kostenersparnis am Gesamtpreis der Platten ca. 3 % betragen.

Durch diese überschlägige Kostenrechnung wird deutlich, daß der Beleimung der Holzspäne nicht nur eine große technische Bedeutung zukommt, sondern daß auch die Wirtschaftlichkeit der Holzspanplattenfabrikation erhöht werden kann, wenn man durch geeignete Ausführung und Dimensionierung der Sprüh-Umwälz-Beleimungsmaschinen das aufgewendete BM möglichst weitgehend zur Übertragung der Einzelfestigkeit der Späne in den Verband der Platten ausnutzt.

5. Zusammenfassung

Bei der Untersuchung des Einflusses der Güte der Beleimung auf die Festigkeitseigenschaften von Holzspanplatten wurde von der bekannten Tatsache ausgegangen, daß nur dann das zur Verleimung zweier Flächen aufgewendete Kunstharz-Bindemittel (BM) für die Festigkeitsausbildung der Leimverbindung voll ausgenutzt wird, wenn sich nach der Verleimung eine geschlossene BM-Fuge ausbildet. Bedingt durch die aus wirtschaftlichen Gründen begrenzte BM-Menge (B_G) und die relativ hohe spezifische Oberfläche der Späne liegt bei der Verleimung der Holzspäne nur ca. 1/20 der spez. BM-Menge (B_F) vor, wie sie bei der Vollholzverleimung verwendet wird. Mit herkömmlichen Maschinen ist es nicht möglich, das BM gleichmäßig auf jeden Span in Form eines zusammenhängenden Filmes aufzutragen, so daß man das BM in Tröpfchen zerteilt auf die Späne aufsprüht und somit nur einen Teil der Spanoberfläche mit BM bedeckt.

Durch eine Arbeitshypothese und Modell- und Analogieversuche wurde gefunden, daß der Zerteilungsgrad, d.h. der Durchmesser der BM-Tröpfchen, den Anteil der beleimten Spanoberfläche beeinflußt, selbst dann - wie sich aus den Modellversuchen ergab -, wenn die Tröpfchen aufeinanderschlagen bzw. zusammenfließen und so "Sekundärtröpfchen" bilden. Weiterhin ergab sich, daß bei der anschließenden Verleimung - auch bei Berücksichtigung der morphologisch bedingten Oberfläche der Späne - Faktoren wirksam werden, die die Ausbildung einer geschlossenen BM-Fuge begünstigen. Durch gegenseitige Überdeckung der beleimten Zonen der beiden zu verleimenden Flächen werden die Fehlstellen kompensiert und flächig verbreitert, so daß sich schon bei einer Zerteilung des BM in Tröpfchen von 8 bis 35 [μm] Durchmesser entsprechend der zur Verfügung stehenden B_F eine geschlossene BM-Fuge und damit das Maximum der Verleimungsfestigkeit einstellt.

Bei der Übertragung der Versuche auf das System "Holzspanplatten" konnte festgestellt werden, daß die Festigkeit der Platten bei einer Zerteilung des BM in Tröpfchen von 35 [μm] Durchmesser einen Maximalwert erreicht, und die Festigkeitseigenschaften bei geringerem Zerteilungsgrad abfallen.

Bei der Untersuchung des Einflusses des Zerteilungsgrades auf die Ausbildung einer weitgehend geschlossenen BM-Fuge war vorausgesetzt, daß beide zur Verleimung kommenden Flächen gleichmäßig und gleichwertig beleimt waren. Bei der weiteren Untersuchung der Vorgänge bei der Beleimung und Verleimung ergab sich, daß im allgemeinen nicht alle Spandeckseiten mit der gleichen B_F ($=B_F'$) beleimt werden, sondern eine BM-Verteilung vorliegt, d.h. die B_F' streuen um den rechnerischen Mittelwert und sind nach dem Poissonschen Gesetz statistisch verteilt. Die Gleichmäßigkeit der Beleimung und die Form der Verteilungen wurde durch die Kennzahl λ definiert: Je größer λ, umso gleichmäßiger ist die Verteilung der B_F'. Durch eine Arbeitshypothese und anschließende Versuche an Holzspanplatten konnte festgestellt werden, daß eine ungleichmäßige BM-Verteilung die Ausbildung einer weitgehend geschlossenen BM-Fuge und damit auch die technologischen Kennzahlen der Holzspanplatten nachteilig beeinflußt.

Das Zusammenwirken der BM-Zerteilung und der BM-Verteilung auf die Festigkeitseigenschaften der Holzspanplatten wurde untersucht, wobei von industriellen Verhältnissen ausgegangen wurde, um gleichzeitig den technischen Stand der heute verwendeten Beleimungsmaschinen kennzeichnen zu können. Bei den technischen Beleimungsmaschinen wird das BM nicht ausreichend fein zerteilt und nicht hinreichend gleichmäßig verteilt, so daß nur ca. 60 % der Plattenfestigkeit erreicht werden, die sich bei laboratoriumsmäßiger Beleimung, d.h. bei einer Zerteilung des BM in Tröpfchen von 8 [μm] Durchmesser und bei einer BM-Verteilung von $\lambda = 14$, ergibt.

Um Hinweise für eine Verbesserung der Konstruktion und Arbeitsweise der Beleimungsmaschinen erhalten zu können, wurden deshalb die technischen Vorgänge bei der Beleimung von dünnen flächigen Spänen nach dem Sprüh-Umwälz-Beleimungsverfahren untersucht.

Eine Verbesserung der BM-Zerteilung kann durch Erhöhung des Sprüh-Überdruckes und damit auch des Luftverbrauches der Sprühvorrichtung und durch Verminderung der Viskosität des BM leicht erreicht werden. Zur Kennzeichnung des Einflusses der Arbeitsweise und Konstruktion der Sprüh-Umwälz-Beleimungsmaschinen auf die BM-Verteilung wurde die Arbeitsweise der Beleimungsmaschinen schematisiert und die Abhängigkeit der Kennzahl λ von den verschiedenen Einflußgrößen theoretisch abgeleitet. Es ergab sich - wie auch experimentell nachgewiesen wurde -, daß die BM-Verteilung dem Poissonschen Verteilungsgesetz gehorcht und daß die Kennzahl λ proportional der Beleimungs- und Umwälzdauer, der Sprühfläche und der Geschwindigkeit, mit der die Späne durch die Sprühzone geführt werden, ist und daß sie umgekehrt proportional dem Gewicht des eingesetzten Spangutes und dessen spezifischer Oberfläche ist. Aus den Ergebnissen dieser Ableitung konnten Hinweise für die zweckmäßige Konstruktion der Beleimungsmaschinen und die Definition ihres "Wirkungsgrades" gegeben werden.

Eine überschlägige Erfassung der technisch-wirtschaftlichen Bedeutung der Beleimung der Späne im Rahmen der technischen Herstellung von Holzspanplatten nach dem Flachpreßverfahren ergab, daß ca. 20 % der BM-Kosten bzw. ca. 3 % der Gesamtkosten der Holzspanplatten eingespart werden können, wenn die technische Beleimung derart verbessert wird, daß die beiden Grundforderungen nach ausreichend feiner Zerteilung und hinreichend gleichmäßiger Verteilung des BM erfüllt werden.

Durch die Untersuchungen konnte ein Überblick über die komplexen Vorgänge gewonnen werden, die die Beleimung und Verleimung der Holzspäne bei der Holzspanplattenherstellung bestimmen und anhand der Resultate der experimentellen und theoretischen Untersuchungen der bestimmenden Einzelvorgänge Hinweise für eine günstige und zweckmäßige Konstruktion der Beleimungsmaschinen gegeben werden, so daß es möglich ist, den technisch-wirtschaftlichen "Wirkungsgrad" der Beleimung und damit auch der Holzspanplattenfabrikation zu verbessern.

6. Experimentelle Angaben

Übersicht:

6.1 <u>Zu 2.31 1 und 2.31 3</u>: Herstellen der Spritzbilder und einfach überlappter Scherproben:

6.11 Das verwendete Bindemittel
6.12 Die Sprühvorrichtung, Erzielung verschiedener Tröpfchengröße
6.13 Die Bindemittel-Träger
6.14 Dosierung der B_F
6.15 Bestimmung der Tröpfchengröße
6.16 Verleimen der beleimten Proben
6.17 Prüfen der Scherproben

6.2 <u>Zu 2.22</u>: Herstellen und Prüfen von Holzspanplatten zur Untersuchung des Einflusses des Zerteilungsgrades auf die Platteneigenschaften

6.21 Allgemeine Angaben
6.22 Beleimung der Späne
6.23 Herstellen der Holzspanplatten
6.24 Prüfung der Platten, Probenzahl

6.3 <u>Zu 2.41</u>: Messung und Bestimmung der Bindemittel-Verteilung

6.31 Allgemeines
6.32 Photometrische Bestimmung der Bindemittelverteilung
6.33 Chemische Bestimmung der Bindemittelverteilung

6.4 <u>Zu 2.32</u>: Herstellen und Prüfen von Holzspanplatten zur Untersuchung des Einflusses der Bindemittel-Verteilung auf die Platteneigenschaften

6.41 Allgemeine Angaben
6.42 Beleimung der Späne
6.43 Herstellung der Holzspanplatten
6.44 Klimatisieren und Prüfen der Platten, Probenzahl

6.5 <u>Zu 2.5:</u> Herstellen und Prüfen von Holzspanplatten zur Ermittlung des Einflusses der Bindemittel-Zerteilung und -Verteilung auf die Platteneigenschaften

6.51 Daten der Platte
6.52 Ermittlung der Bindemittel-Zerteilung und -Verteilung
6.53 Beleimung der Späne
6.54 Herstellen der Holzspanplatten
6.55 Klimatisierung und Prüfung der Platten, Probenzahl

6.6 <u>Zu 3.11:</u> Zerteilen des BM mit Hilfe von Preßluft

6.61 Verwendetes BM, Bestimmung der Viskosität
6.62 Die Sprühvorrichtung
6.63 Bestimmung des Luftverbrauches

6.7 <u>Zu 3.12:</u> Zerteilung des Bi.-Mi. mit Hilfe von Flüssigkeitsdruck

6.8 <u>Zu 3.22:</u> Experimentelle Bestätigung der theoretisch abgeleiteten Gesetze über die Bi.-Mi.-Verteilung

6.81 Beleimungsmaschine
6.82 Verwendetes Spangut
6.83 Bestimmung der BM-Verteilung
6.84 Ermittlung der Kinematik des Spänefalls

6.1 **Zu 2.311 und 2.313:** Herstellen der Spritzbilder und einfach überlappter Scherproben

6.11 **Das verwendete BM:** Bei allen Versuchen wurde das Kunstharz-BM der Badischen Anilin- und Soda Fabriken (BASF) Urecoll F spezial mit Heißhärter 200 verwendet. Das in einer FH Konzentration von K = 64 % angelieferte BM wurde durch Zugabe von Wasser und 10 % Härter verdünnt, so daß die sprühfertige BM-Lösung eine FS-Konzentration von K = 50 % hatte. Das BM wurde angefärbt: In dem beigegebenen Wasser wurden Fuxin und Malachitgrün bis zur Sättigung gelöst. Die Viskosität der sprühfertigen BM-Lösung wurde jedesmal mit einem Ford-Auslaufbecher geprüft: Sie betrug 35 bis 40 s Auslaufzeit (ca. 1500 cp).

6.12 **Die Sprühvorrichtung. Erzielung verschiedener Tröpfchengröße:** Die BM-Lösung wurde mit einer handelsüblichen kleinen Spritzpistole (Dekorierpistole) zerteilt. Die verschiedenen Tröpfchendurchmesser wurden durch Wahl des Düsendurchmessers d_D und des Sprüh-Überdruckes p erzielt: $\delta_m = 8$ µm: Düsenöffnung $d_D = 0,3$ mm ⌀, p = 3 at; $\delta_m = 35$ µm: $d_D = 1$ mm ⌀, p = 1 at.

6.13 **Die BM-Träger:** Zur Erzeugung der Spritzbilder wurde das BM auf Glasscheiben (Objektträger) Maße 75 x 26 x 0,8 mm und auf 0,4 mm dicke Polyäthylenfolien mit den gleichen Abmessungen aufgesprüht. Zur Herstellung der Überlappungsproben wurde das BM auf 0,3 mm dicke Späne, die aus Lärchen-Messer-Furnier geschnitten waren, aufgesprüht. Das Furnier entstammte einer Mittelbohle. Es wurden nur die Teile des Furniers verwendet, bei denen Fasern parallel zur Furnieroberfläche lagen. Spanabmessungen s. Abbildung 14.

6.14 **Dosierung der B_F:** Um sowohl auf die Glasscheiben und die Folien als auch auf die Späne eine bestimmte gewünschte B_F aufbringen zu können, wurden die Glasplatten und die Folien auf eine rotierende Scheibe geheftet (s. Abb. 39). Durch die Drehung der Scheibe wurden die Träger mit einstellbarer Geschwindigkeit (n = 20, 30, 38, 46 U/min, Durchmesser der Scheibe $D_S = 1040$ mm) durch die Sprühzone geführt.

Entsprechend der Geschwindigkeit und der Anzahl der Durchgänge durch die Sprühzone einerseits und der relativen Spritzgeschwindigkeit der Düsen andererseits erhielten die Glasplatten und Folien die gewünschte B_F.

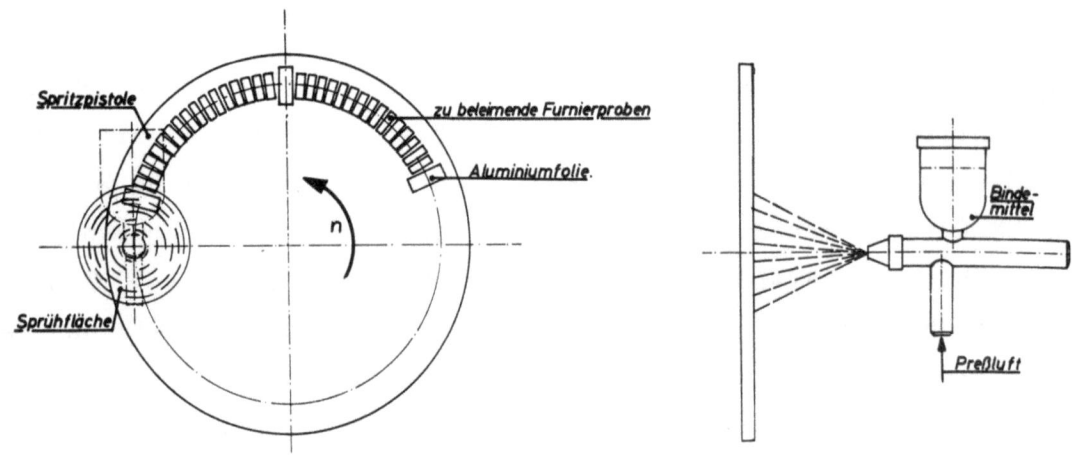

A b b i l d u n g 39
Vorrichtung zum Beleimen der Furnierproben (Skizze)

Die B_F, die sich bei einem Durchgang durch die Sprühzone ergab, wurde an Aluminium-Folien (Stanniol) gemessen, die auf die Scheibe geheftet waren. Die Alu-Folien wurden vor ihrer Beleimung gewogen, auf die Scheibe geheftet und dann 10 mal durch die Sprühzone geführt. Anschließend wurden sie 20 min bei 150° C im Trockenschrank getrocknet und wieder gewogen. Die B_F ergab sich aus der Gewichtsdifferenz und der Fläche der Stanniolblätter. Nach diesem Wert wurde die bei der gegebenen relativen Sprühgeschwindigkeit der Düse erforderliche Drehzahl der Scheibe und die Anzahl der erforderlichen Umdrehungen errechnet, um den gewünschten Wert von B_F zu erhalten. Beim Beleimen der Glasplatten und Folien wurden zusätzlich 3 Stanniolblättchen auf die Scheibe geheftet, um nach der Beleimung die B_F kontrollieren zu können.

6.15 <u>Bestimmung der Tröpfchengröße</u>: Die Durchmesser δ der auf die Glasscheibe aufgeschlagenen Tröpfchen wurden mikroskopisch ermittelt. Es wurden die δ aller Tröpfchen, die in einem durch Risse gekennzeichneten Feld der Glasscheibe mit einer Fläche von 0,5 cm^2 lagen, gemessen und aus diesem Wert der mittlere Tröpfchendurchmesser δ_m errechnet.

6.16 <u>Verleimung der beleimten Proben</u>: Da der Preßdruck beim Verleimen der Proben genau eingestellt und über der ganzen Verleimungsfläche konstant sein mußte, konnten weder die Glasplatten mit den Folien, noch die Furniere zwischen zwei beheizten Platten verleimt werden. Es wurde deshalb die in Abbildung 40 skizzierte Vorrichtung verwendet. Die be-

leimten Flächen wurden durch Aufeinanderlegen in Kontakt gebracht und
dann auf die Gummimembran gelegt. Die Vorrichtung wurde dann zwischen
die Heizplatten einer hydraulischen Presse gelegt und die Presse zugefahren. Anschließend wurde in den Raum zwischen der Gummimembrane und
der Grundplatte der Preßvorrichtung Preßluft gedrückt. Der Luftdruck
konnte durch ein Reduzierventil eingestellt werden und an 2 Manometern
abgelesen werden. Der Druck, mit dem die beiden beleimten Flächen während des Aushärtens des BM zusammengepreßt wurden, entsprach dem aufgewendeten Luftdruck. Die obere Heizplatte hatte eine Temperatur von 150° C,
während die untere nicht beheizt war, sie hatte Raumtemperatur. Die Verleimungszeit betrug 10 min.

Es wurden nicht nur die Furnierspäne unter Einwirkung von Wärme verpreßt,
sondern auch die Glasplatten mit den Polyäthylenfolien. Zum einen wurde
hierdurch der Plastifizierungseffekt durch Abnahme der Viskosität der
Tröpfchen erhöht, zum anderen mußte die Tatsache berücksichtigt werden,
daß die Stefansche Gleichung besagt, daß für das Fließen von Flüssigkeiten unter Druck zwischen nicht porösen Körpern die Filmdicke unabhängig ist von der ursprünglich zwischen den Oberflächen befindlichen Flüssigkeitsmenge. Es würde sich also auch beim Verpressen des Glases gegen
die Folie ein zusammenhängender Leimfilm bilden, unabhängig davon, wie
das BM vor dem Verpressen zerteilt ist, wenn nicht der längere Zeit
erfordernde Fließvorgang durch die Aushärtung des BM unterbrochen würde,
die gleichzeitig mit der Aufbringung des Verpressungsdruckes durch den
Einfluß der Wärme einsetzt.

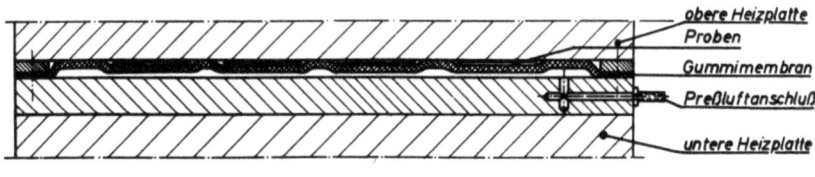

A b b i l d u n g 40

Vorrichtung zum Verkleben einschnittiger Überlappungsproben

6.17 Prüfung der Schubfestigkeit der Scherproben: Vor der Prüfung wurden die Scherproben 24 Stunden bei 20° C und 65 % Luftfeuchtigkeit klimatisiert. Die Schubfestigkeit der Leimfuge der einschnittig überlappten Scherproben wurde mit Hilfe des Zugfestigkeitsprüfers nach SCHOPPER
vorgenommen. Die Einspannbacken wurden so ausgeführt, daß durch die

unsymmetrische Belastung der Proben keine Fehler auftreten konnten (s. Abb. 41).

Da die Werte der Schubfestigkeit der Leimfugen sehr sehr stark streuten, mußten pro Punkt der Kurven in Abbildung 15 je 70 also insgesamt 840 Proben hergestellt und geprüft werden.

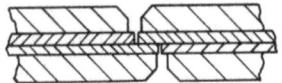

A b b i l d u n g 41
Ausbildung der Spannbacken

6.2 **Zu 2.22:** Herstellen und Prüfen von Holzspanplatten zur Untersuchung des Einflusses des Zerteilungsgrades auf die Platteneigenschaften

6.21 **Allgemeine Angaben:** Der Einfluß des Zerteilungsgrades auf die Platteneigenschaften wurde an Platten untersucht, deren Herstellungsfaktoren und Ausgangsmaterialien denen der Platten entspricht, wie sie in der Industrie vorwiegend hergestellt werden:

Späne: "Fichtentestspäne" 0,15 - 0,25 - 0,38 mm dick; 12 - 20 - 32 mm lang; 1 - 4 - 8 mm breit. Rohwichte der Platte r_u = 0,60 [p/cm^3] bei einem Feuchtigkeitsgehalt der Platte von 7 %. B_G = 8 [p FS/100 pH]. Dicke der Platten: 16 mm.

Verwendetes BM: Urecoll F spezial mit Heißhärter 200; Anfärbung des BM wie in 6.11.

Konzentration der spritzfertigen Lösung K = 50 %, Viskosität = 1500 cP.

6.22 **Beleimung der Späne:** Die Späne wurden in der Laboratoriums-Beleimungstrommel (s. Abb. 4) beleimt. Das BM wurde mittels einer schwenkbar angeordneten handelsüblichen Spritzpistole zerteilt.

Die verschiedene Tröpfchengröße wurde durch Wahl verschiedener Düsendurchmesser und des Spritzüberdruckes erreicht: δ_m = 8 [µm]: Düsendurchmesser d_D = 0,8 mm, p = 4 at; δ_m = 35 [µm]: d_D = 0,8 mm, p = 2,0 at; δ_m = 67 [μm]: d_D = 1,5 mm, p = 2 at; δ_m = 97 [μm]: d_D = 3mm; p = 1,5 at.

Da bei den Vergleichsplatten nur der Einfluß der Tröpfchengröße auf die Eigenschaften der Platten untersucht wurde, wurde die BM-Verteilung mit λ = 18 konstant gehalten, also auch die Beleimungszeit t und die Sprühfläche F_S (s. 3.21 und 3.234).

Durch Wahl einer anderen Düse und eines anderen Spritzüberdruckes p ändert sich der Sprühwinkel der Düse und der BM-Strom (damit auch die Beleimungsdauer t). Die Düse wurde deshalb mit einer zusätzlichen Vorrichtung versehen, damit F_{spr} und die Grundwahrscheinlichkeit p unabhängig vom Spritz-Überdruck und dem Düsendurchmesser konstant gehalten werden konnten:

Der Sprühwinkel der Düse (damit F_{spr}) wurde durch eine Blende konstant gehalten. Der Innendurchmesser der Blende war so groß gewählt worden, daß auch beim kleinsten Sprühwinkel noch BM auf sie auftrifft. Das auf die Blende aufgetroffene BM wurde in einer angebrachten Rinne aufgefangen (s. Abb. 42)

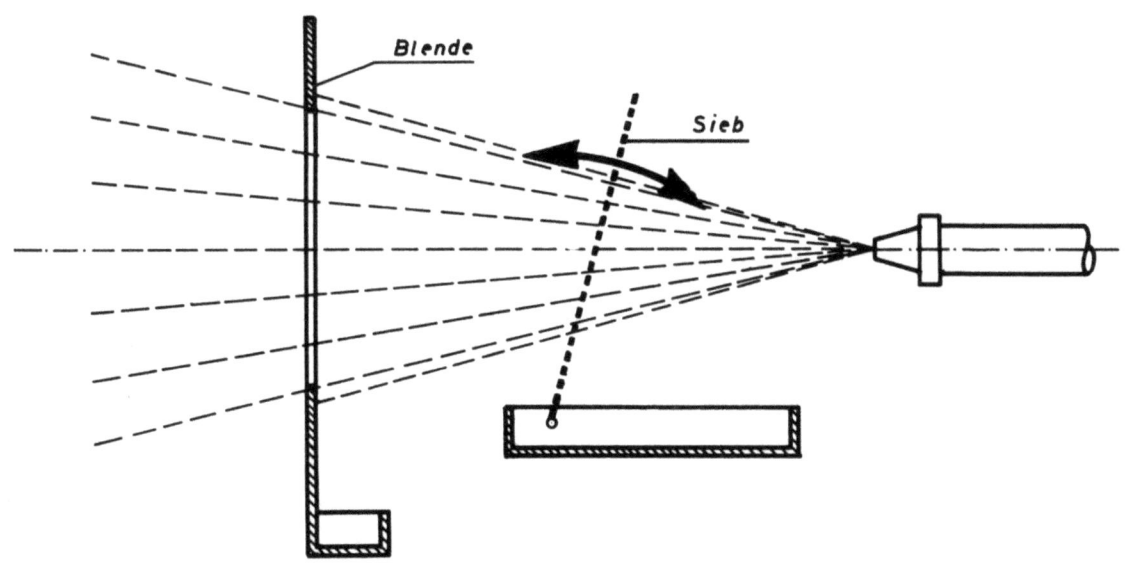

A b b i l d u n g 42
Sprühvorrichtung mit konstantem Sprühwinkel und
einstellbarem BM-Strom

Der BM-Strom der Düse wurde durch ein Sieb reguliert, das zwischen der Blende und der Düse schwenkbar angeordnet war (s. Abb. 42). Je nach

seiner Neigung gegenüber der Senkrechten wurde mehr oder weniger BM
von dem Sieb aufgefangen und zurückgehalten. Abmessungen des Siebes:
Maschenweite = 2,0 mm, Drahtstärke = 0,25 mm. Das Sieb wurde vor Beginn
des Beleimungsvorganges in Petroleum getaucht, damit das auftreffende
BM besser ablaufen und sich in dem darunter befindlichen Behälter sammeln konnte. Vor jeder Spanbeleimung innerhalb dieser Versuchsreihe
wurde durch einen Vorversuch ermittelt, wie stark das Sieb geneigt sein
muß, damit die erforderliche Sprühgeschwindigkeit und damit die Beleimungsdauer t erreicht wird.

6.23 <u>Herstellen der Holzspanplatten</u>: Nach der Beleimung wurde der Feuchtigkeitsgehalt der Späne bestimmt (10 g Späne wurden 20 min unter einer
Infrarot-Lampe getrocknet) und die für die Platte erforderliche atro
Menge Späne + BM abgewogen. Die beleimten Späne wurden mit einem Feuchtigkeitsgehalt von 15 % weiterverarbeitet. Dieser Feuchtigkeitsgehalt
wurde nach der Beleimung so eingestellt, daß entweder die fehlende Wassermenge auf die in der Trommel umgewälzten Späne aufgesprüht wurde oder
die Späne in der Beleimungstrommel getrocknet wurden, indem Preßluft in
das umgewälzte Spangut hineingeblasen wurde.

Anschließend wurden die Späne in einen Streukasten mit der Grundfläche
40 x 40 cm von Hand gestreut und dann ca. 15 min bei einem Druck von
ca. 1,5 kp/cm^2 vorgepreßt. Hierauf wurde die "Spanmatte" zwischen zwei
Alu-Bleche gelegt und in einer Presse mit beheizten Platten fertiggepreßt. Die gewünschte Plattenstärke wurde durch Beilagen eingestellt.
Die Temperatur der Preßplatten betrug 150° C, die Preßdauer 15 min und
die Schließzeit der Presse ca. 40 s.

6.24 <u>Prüfung der Platten, Probenzahl</u>: Es wurden je 3 gleiche Platten
hergestellt, aus denen nach der Klimatisierung bei 20° C und φ = 65 %
Zug-Proben und Querzugproben geschnitten wurden. Die Prüfung der Zug-
und Querzugfestigkeit der Platten wurde nach DIN 52 363 vorgenommen.
Die Unterschiede der Festigkeit der je 3 gleichen Platten wurde mit
Hilfe des Zwölffederschemas nach R.A. FISHER geprüft. Die Platten, deren Mittelwert ihrer Festigkeit nicht nur zufällig von den anderen abwich, wurden ausgeschieden und durch eine neue Platte ersetzt.

Probenzahl:
Für Zugfestigkeitsprüfung: 3 · 9 = 27
Für Querzugfestigkeitsprüfung: 3 · 9 = 27

6.3 Zu 2.41: Messung und Bestimmung der BM-Verteilung

6.31 Allgemeines: Die bei einem beleimten Spangut vorliegende BM-Verteilung ist in 2.42 als statistische Verteilung der B_F' der einzelnen Spandeckseiten definiert worden. Zur Ermittlung der BM-Verteilung muß deshalb die B_F' der beiden Deckseiten eines Spanes <u>getrennt</u> bestimmt werden. Dieses ist nur dann möglich, wenn man das BM anfärbt und die B_F' mit Hilfe von Eichproben photometrisch bestimmt. Ist es nicht möglich, das BM anzufärben (z.B. bei der Kontrolle der BM-Verteilung bei der industriellen Holzspanplattenfabrikation), so ist es nur möglich, die BM-Menge, die sich auf beiden Deckseiten eines Spanes befindet, zusammen zu bestimmen und aus der sich durch diese Messung ergebenden Verteilung die BM-Verteilung zu berechnen.

6.32 Photometrische Bestimmung der BM-Verteilung: Bei der Photo-Bestimmung der BM-Verteilung wird die B_F' der einzelnen Spandeckseiten auf Grund des Reflektionsvermögens der zu messenden beleimten Oberfläche, das von der Auftragsmenge des angefärbten BM abhängt, mit Hilfe von Eichproben bestimmt. Diese Messung ist an Holzspänen nicht exakt durchzuführen, da einmal ihre Farbe und damit auch ihr Reflektionsvermögen und zum anderen die Größe ihrer Deckflächen nicht einheitlich ist.

Es wurden deshalb dem Spangut 50 "Späne" (= 100 "Spandeckseiten") aus Zeichenkarton beigemischt, die gleiche Größe und gleichen Weißgehalt hatten. Die Abmessungen der Kartonstreifen entsprachen denen der Holzspäne (Länge = 20 mm, Breite = 4 mm, Flächengewicht = 600 p/m^2). Durch die Wahl des entsprechenden Flächengewichtes des Papiers konnte erreicht werden, daß die Kartonstreifen dieselbe Sinkgeschwindigkeit hatten wie die Späne, so daß sie genau so umgewälzt wurden wie die Späne.
Nach dem Beleimungsvorgang wurden die Kartonstreifen aus dem Spangut herausgelesen und die B_F ihrer Spandeckseiten bestimmt.

<u>Messen der B_F':</u> Das Reflektionsvermögen der "Spandeckseiten" das von der B_F' abhängt, wurde mit einem Weißgehaltsmesser B 4 nach Dr. LANGE gemessen. Zunächst wurden nach dem in 6.14 angegebenen Verfahren je 10 Eichproben mit verschiedener B_F' hergestellt (s. Abb. 21). Diese Eichproben wurden auf eine glatte, schwarze Hartgummiplatte gelegt und das Meßorgan des Weißgehaltsprüfers so auf die Platte aufgesetzt, daß das Meßorgan und die Kartonstreifen genau übereinander lagen. Der Weißge-

haltsprüfer wurde so eingestellt, daß sein Skalenausschlag gleich Null war, wenn keine Probe unter dem Meßorgan lag und gleich 100, wenn ein unbeleimter Karton gemessen wurde. Bei dieser Einstellung wurde das Reflektionsvermögen der einzelnen Eichproben gemessen und aus diesen Werten eine Eichkurve aufgestellt.

Anschließend wurde das Reflektionsvermögen der in der Instituts-Beleimungsmaschine beleimten Deckflächen der Kartonstreifen gemessen und ihre B_F' mit Hilfe der Eichkurve ermittelt.

6.33 Zu 3.231: Chemische Bestimmung der Bindemittelverteilung:

Die Ermittlung der BM-Verteilung bei Spänen, die in einem Holzspanplattenwerk beleimt waren, war nach diesem Verfahren nicht möglich, da das BM nicht angefärbt werden konnte. Es mußte deshalb auf chemischem Wege die BM-Menge gemessen werden, mit der jeder Span beleimt war [21]. Hierbei ist es natürlich keineswegs möglich, die BM-Menge der beiden Spandeckseiten getrennt zu bestimmen. Berechnet man also aus der gemessenen BM-Menge und der Gesamtoberfläche des Spans spez. BM-Menge B_F', so erhält man den Mittelwert B_{Fm}' der B_F' der beiden Spandeckseiten:

$$B_{Fm}' = \frac{B_{F1}' + B_{F2}'}{2}$$

Es wurden die B_{Fm}' der einzelnen Späne bestimmt, wobei die Oberfläche der Späne dadurch ermittelt wurde, daß sie auf Millimeterpapier aufgelegt wurden und anschließend die mit einem Bleistift umfahrene Fläche ausgezählt wurde. Die so gefundenen Werte von B_{Fm}' wurden in Klassen eingeteilt und die relativen Häufigkeiten $w(x)$ berechnet.

Die auf diese Art gewonnene Verteilung ist mit der BM-Verteilung natürlich nicht identisch.

Im Folgenden wird abgeleitet, wie man aus der Verteilung der B_{Fm}' die BM-Verteilung berechnen kann: Es wird zunächst aus der BM-Verteilung die Verteilung der B_{Fm}' abgeleitet. Geht man von der in Abbildung 43 dargestellten BM-Verteilung aus, bei der nur ganzzahlige B_F' aufgetragen sein mögen, so ist die Wahrscheinlichkeit dafür, daß die Deckseite 1 eines Spanes kein BM hat, gleich $\varphi(0)$, und daß die Deckseite 2 kein BM hat, ebenfalls gleich $\varphi(0)$. Die Wahrscheinlichkeit $w(0)$ dafür, daß beide Deckseiten kein BM erhalten haben, ist gleich $w(0) = \varphi(0)$. Entsprechend gilt für die anderen $w(x)$-Werte:

$$w(0) = \varphi(0) \cdot \varphi(0) \tag{39}$$
$$w(0,5) = \varphi(0) \cdot \varphi(0) + \varphi(1) \cdot \varphi(0)$$
$$w(1) = \varphi(0) \cdot \varphi(0) + \varphi(1) \cdot \varphi(1) + \varphi(2) \cdot \varphi(0)$$

$$w(n) = \sum_{x=0}^{2n} (x_i) \cdot \varphi(2n-x_i) \tag{40}$$

Mit Hilfe dieser Gleichung läßt sich aus der Verteilung für die B'_{Fm} die BM-Verteilung stufenweise berechnen:

Aus der Gleichung für $w(0)$ erhält man $\varphi(0)$, aus der für $w(0,5)$ $\varphi(1)$ usw. Die aus der BM-Verteilung berechnete Verteilung der B'_{Fm} ist in Abbildung 43 dargestellt.

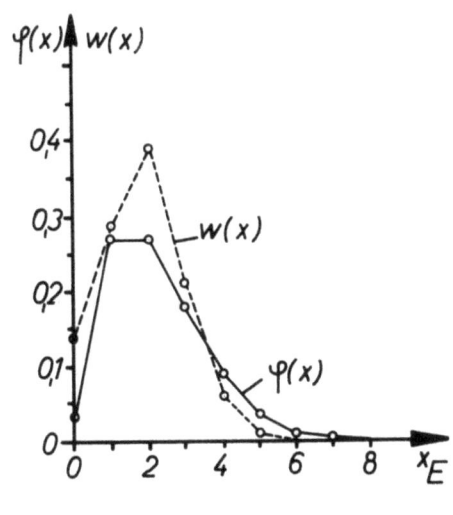

Abbildung 43

Der Nachteil dieser Berechnung der BM-Verteilung liegt einmal darin, daß die B'_{Fm} in Klassen von 0,5 $[p/m^2]$ Breite eingeteilt werden müssen, so daß also eine große Probenzahl erforderlich ist, und zum anderen darin, daß durch die stufenweise Berechnung ein großer Fehler in der Rechnung auftreten kann. Man kann natürlich auch umgekehrt mit Hilfe dieser Beziehungen aus der BM-Verteilung die Verteilung der B'_{Fm} errechnen. Dieses mag angebracht sein, wenn man aus der BM-Verteilung die Verteilung der BM-Menge B'_{Ff} errechnen will, die sich nach dem Verleimen der Späne zur Holzspanplatte zwischen zwei Spänen befindet. Diese Leimmenge B_{Ff} zwischen zwei Spänen 1 und 2 ergibt sich zu

$$B'_{Ff} = B'_{F1} + B'_{F2} \tag{41}$$

Diese B'_{Ff}, die sich beim Verleimen der beiden Späne ergibt, entspricht der, die sich ergäbe, wenn die beiden Späne mit $B'_{Ff}/2$ beleimt wären, so daß gilt:

$$B'_{Fm} = \frac{B'_{F1} + 2 \cdot B'_{F2}}{2} \qquad (42)$$

Folgt die BM-Verteilung dem Poissonschen Verteilungsgesetz, so kann durch Einsetzen die Gleichung umgeformt werden in:

$$w(x_i) = \varphi^2(x) \frac{(2^{x_i} \cdot x_i!)^2}{(2x_i)!} \qquad (43)$$

oder

$$w(x_i) = \varphi(2x_i) \, 2^{2x_i} \cdot e^{-\lambda} \qquad (44)$$

Mit Hilfe dieser Gleichungen kann aus der BM-Verteilung leicht die Verteilung der BM-Menge berrechnet werden, die sich nach dem Verleimen zwischen zwei Spänen befindet.

6.4 Zu 2.32: Herstellen und Prüfen von Holzspanplatten zur Untersuchung des Einflusses der BM-Verteilung auf die Platteneigenschaften

6.41 **Allgemeine Angaben:** Die Platten sind gleich denen unter 6.2 beschriebenen hergestellt, es wurde lediglich die Tröpfchengröße des zerteilten BM mit $\delta_m = 35 \, [\mu m]$ konstant gehalten und die BM-Verteilung verändert.

6.32 **Beleimung der Späne:** Die Späne wurden in der Laboratoriums-Beleimungstrommel (s. 6.22) beleimt. Die verschiedenen BM-Verteilungen wurden durch Änderung der Beleimungszeit erreicht. Da die Tröpfchengröße konstant gehalten werden mußte bei gleichzeitiger Änderung des BM-Durchsatzes der Zerteilungs-Vorrichtung, mußte das BM auf andere Weise zerteilt werden als in 6.22 beschrieben. Es fand die in Abbildung 44 skizzierte Gruppe von Düsen Verwendung. Eine Veränderung der Beleimungszeit, damit der BM-Verteilung, wurde durch Zu- und Abschalten der Düsen erreicht. Da alle Düsen gleichartig ausgebildet waren, war die Tröpfchengröße unabhängig von der Zahl der an den Leimbehälter angeschlossenen Düsen. Die Beleimungszeit war umgekehrt proportional der Anzahl der angeschlossenen Düsen.

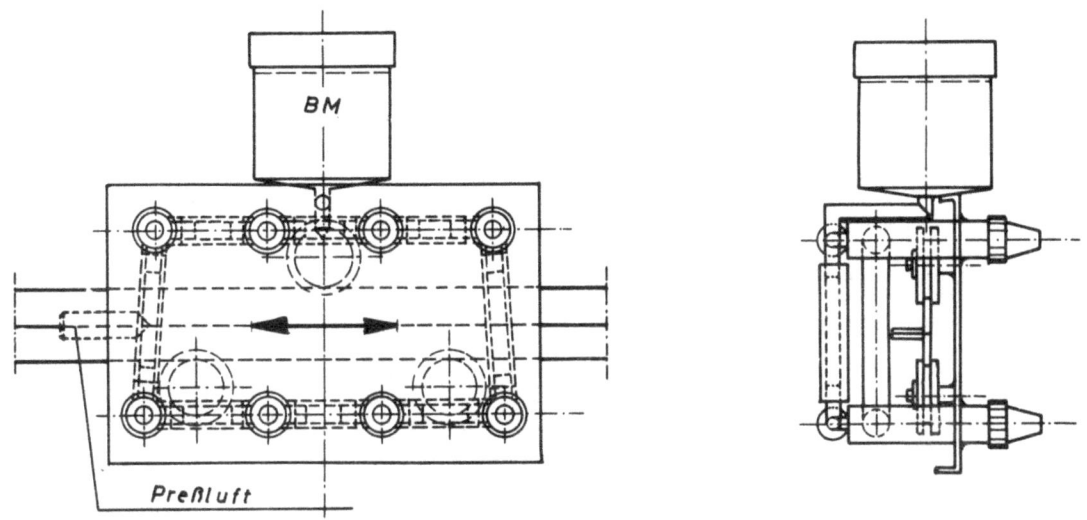

Abbildung 44
Düsengruppe

Die sich bei der verschiedenen Anzahl der spritzenden Düsen ergebende Sprühfläche F_{spr} wurde dadurch ermittelt, daß im Abstand der Düsen vom "Spänevorhang" in der Trommel ein Karton gehalten wurde, auf den das angefärbte BM aufgesprüht wurde. Diese Fläche wurde anschließend ausgemessen und berechnet.

Die Düsengruppe wurde mittels eines durch einen umschaltbaren Motor angetriebenen Seiltriebs translatorisch in Richtung der Trommelachse bewegt (s. Abb. 34). Die sich ergebende BM-Verteilung wurde "analytisch" nach den in 3.212 5 angegebenen Formeln berechnet.

6.43 <u>Herstellung der Platten</u>: s. 6.23. Die verschiedenen Rohwichten wurden durch unterschiedliche Spaneinwaage erzielt.

6.44 <u>Prüfen der Platten, Probenzahl</u>: s. 6.24. Zur Ermittlung der Quellung wurde je eine weitere Platte hergestellt, aus der 5 Quellungsproben geschnitten wurden. Die Bestimmung der Dickenquellung wurde nach DIN vorgenommen (24 h Wasserlagerung).

6.5 **Zu 2.5: Herstellen und Prüfen von Holzspanplatten zur Ermittlung des Einflusses der BM-Verteilung und der BM-Zerteilung auf die Plattenfestigkeit**

6.51 **Daten der Platte:** Bis auf die Späne gleiche Plattendaten wie in 6.21. Verwendetes Spangut s. Tabelle 2 und 2.5.

6.52 **Ermittlung der BM-Zerteilung und -Verteilung:** Die BM-Zerteilung, die bei der Beleimung im Industriebetrieb vorlag, wurde durch Ausmessen der Durchmesser der Tröpfchen, die auf eine schnell an der Sprühvorrichtung vorbeigeführte Glasplatte aufgeschlagen waren, ermittelt.

6.53 **Beleimung der Späne:** Beleimung der Späne für die Platten (1) und (2) mit der in 6.22 beschriebenen Apparatur, für die Platten (3) und (4) mit der in 6.42 beschriebenen Vorrichtung.

6.54 **Herstellen der Holzspanplatten:** s. 6.23

6.55 **Prüfung der Platten, Probenzahl:** s. 6.24

6.6 **Zu 3.11: Zerteilung des BM mit Hilfe von Preßluft**

6.61 **Verwendetes BM, Bestimmung der Viskosität:** Für die Versuche wurde das Harnstoffharz Urecoll F spezial verwendet (s. 6.1). Die Viskosität der Lösungen wurde mit Hilfe eines Rotations-Viskosimeters nach Dr. KÄMPF bestimmt.

6.62 Die Sprühvorrichtung: Die Versuche wurden an einer handelsüblichen Farbspritzpistole durchgeführt (Fabrikat VKF). Der Düsendurchmesser wurde mit d_D = 0,8 mm konstant gehalten. Der Preßluftdruck konnte mittels eines Reduzierventils eingestellt werden und an 2 Manometern abgelesen werden.

6.63 Der Luftverbrauch der Spritzpiste wurde bei abgeschaltetem Kompressor nach der allgemeinen Zustandsgleichung der idealen Gase aus dem Volumen des Kompressor-Kessels und dem Druckabfall pro Zeiteinheit bestimmt.

6.7 Zu 3.12: Zerteilung des BM mit Hilfe von Flüssigkeitsdruck

Das BM wurde mittels einer Wirbeldüse der Firma Schlick zerteilt. Zur Erzeugung des Druckes diente eine Bosch-Einspritzpumpe. Zwischen Pumpe und Düse war ein Filter aus Sintermetall und ein Manometer geschaltet. Bestimmung der Tröpfchengröße s. 6.15.

6.8 Zu 3.22: Experimentelle Bestätigung der theoretisch abgeleiteten Gesetze über die BM-Verteilung

6.81 Beleimungsmaschine: Es fand die Labor-Sprüh-Umwälz-Beleimungsmaschine Verwendung (s. 2.2). Um den Mischeffekt der Maschine zu erhöhen, wurde durch eine Stachelwalze, die in eine elektrische Bohrmaschine eingespannt war, während des Beleimungsvorgangs das Spangut in Punkt "A" gemäß Abbildung 4 zusätzlich gemischt. Das BM wurde mit Hilfe der Düsengruppe wie in 6.42 zerteilt.

6.82 Verwendetes Spangut: Die Versuche wurden mit Fichtentestspänen durchgeführt, denen 50 weiße Kartonstreifen beigemischt worden waren (s. 6.21 und 6.32).

6.83 Bestimmung der BM-Verteilung: s. 6.32

6.84 Ermittlung der Kinematik des Späneabfalls: Zur Ermittlung der Kinematik des Spänefalls wurde der Umwälzvorgang mit einer Filmkamera (Bolex 12 mm) gefilmt. Gangzahl: 64 mit Sektorenblende. Von den Filmstreifen wurden Abzüge hergestellt und die Geschwindigkeit der Späne mit Hilfe der Gangzahl und dem aus den einzelnen Aufnahmen zu entnehmenden zurückgelegten Weg der Späne berechnet.

Dr.-Ing. Eberhard Meinecke
Dr.-Ing. Wilhelm Klauditz

7. Literaturverzeichnis

[1] KLAUDITZ, W. — Entwicklung, Stand und holzwirtschaftliche Bedeutung der Holzspanplattenherstellung. Holz als Roh- und Werkstoff 13 (1955) 11

[2] KLAUDITZ, W. — Wissenschaftliche, technische und wirtschaftliche Grundlagen der Holzspanplatten-Fabrikation. Kunststoffe 49 (1959) 4

[3] KLAUDITZ, W. und W. GRÜNEWALD — Stand und Entwicklung der Produktion und des Rohholzverbrauches der Holzspanplattenindustrie in der Bundesrepublik. Holz-Zbl. 84 (1958) 88

[4] KLAUDITZ, W. und W. GITTEL — Eignung, Bewertung und Verarbeitung von Kunstharz-Bindemitteln bei der Herstellung von Holzspanplatten. "Tagung Braunschweig 1951", Verein Techn. Holzfragen Braunschweig, 1951, 135-146; Inst. f. Holzforschg. Braunschweig, Ber. 22/51 (1951); Holzforschung 5 (1951) 3 93

[5] KLAUDITZ, W. — Entwicklung und Herstellung von Holzspanplatten. Sitzung Braunschweig 1957, DGfH-Bericht 1/57

[6] KLAUDITZ, W. und H.J. ULBRICHT — Untersuchungen über die Vorgänge bei der Beleimung von Holzspänen und ihre Auswirkung auf die Güte von Holzspanplatten. Sitzungsbericht "Entwicklung und Herstellung von Holzspanplatten" Braunschweig 1958, DGfH-Bericht 3/58

[7] KLAUDITZ, W. — Untersuchungen über die Eignung von verschiedenen Holzarten, insbesondere Rotbuchenholz zur Herstellung von Holzspanplatten. Inst. f. Holzforschg., Verein f. Techn. Holzfragen, Braunschweig, Bericht 25/52

[8] KLAUDITZ, W. und H.J. ULBRICHT — Weitere Untersuchungen zur Beschleunigung der Verleimung von Holzspänen

zu Holzspanplatten in hydraulischen Pressen. Sitzungsber. Arb.-Ausschuß "Entwicklung und Herstellung von Holzspanplatten" DGfH-Ber. 2/56, 1956, S. 12-20; Holz als Roh- und Werkstoff 14 (1956) 6 242

[9] RACKWITZ, G.   Ein Beitrag zur Kenntnis der Vorgänge bei der Verleimung von Holzspänen zu Holzspanplatten in beheizten hydraulischen Pressen. Dissertation, Technische Hochschule Braunschweig 1955

[10] BOCK, E.   Der Abbindeprozeß bei der Holzverleimung. Holz als Roh- und Werkstoff 10 (1952) 7

[11] BOCK, E.   Die Grundlagen der Holzverleimung und Stand der Entwicklung auf dem Gebiet der Kunstharzverleimung. Vortrag, Tagung der Deutschen Gesellschaft für Holzforschung, Stuttgart 25. 11. 1949, Vgl. Holz-Zbl. 75 (1949) S. 1330

[12] KOLLMANN, F.   Technologie des Holzes und der Holzwerkstoffe, Bd. II, Springer, Berlin 1955

[13] PLATH, E.   Die Holzverleimung, Wissensch.Verlagsgesellschaft mbH., Stuttgart 1951

[14] KLAUDITZ, W. und W. GITTEL   Eignung, Bewertung und Verarbeitung von Kunstharz-Bindemitteln bei der Herstellung von Holzspanplatten; Tagung Braunschweig 1952, Inst. f. Holzforschung a.d.TH Braunschweig 1951

[15] GROSSE, H.   Experimentelle Untersuchung des Farbspritzvorganges. Dissertation VDI-Verlag Berlin 1933

[16] MARIAN, J.E.   Adhesive and Adhesion Problems in Particle Board Production, Forest Products Journal Vol. VIII, No. 5, 1958

[17] KLAUDITZ, W. und H.J. ULBRICHT   Weitere Untersuchungen zur Beschleunigung der Beleimung von Holzspänen

	zu Holzspanplatten in beheizten hydraulischen Pressen. Sitzung "Entwicklung und Herstellung von Holzspanplatten" 1956, Braunschweig, DGfH-Ber. 2/56
[18] SUCHSLAND, O.	Über das Eindringen des Leimes bei der Holzverleimung und die Bedeutung der Eindringtiefe für die Fugenfestigkeit, Holz als Roh- und Werkstoff <u>16</u> (1958) 3
[19] HAGEN, G.	Harnstoff-Formaldehyd-Kondensate als Leime und Bindemittel in der holzverarbeitenden Industrie. Kunststoffe <u>46</u> (1956) 2
[20] LINDER, A.	Statistische Methoden für Naturwissenschaftler, Mediziner und Ingenieure. Birkhäuser Verl. Basel, Stuttgart 1956
[21] KLAUDITZ, W.	Bestimmung des Gehaltes an Harnstoff-Formaldehyd-Kunstharz (Bindemittel) in Holzspanplatten; Bericht 40/54 des Inst. f. Holzforschg. des Ver. f. techn. Holzfr. a.d. TH Brschwg., Braunschweig 1954 und
KLAUDITZ, W. und K. MEIER	Zur Bestimmung des Harzstoff- und Melaminharz-Gehaltes von Holzspanplatten. Unveröffentlichter Bericht des Inst. f. Holzforschg. a.d. TH Brschwg.

8. Verzeichnis der Abkürzungen

<u>Folgende Abkürzungen wurden neu eingeführt:</u>

Abkürzung	Dimension	Bedeutung
B	[m]	Breite der Sprühfläche
BM	[p]	Bindemittel
B_G	[p/100 pH]	spez. BM-Menge, bezogen auf 100 p atro Holz
B_F	[p/m^2]	spez. BM-Menge, bezogen auf 1 m^2 Spanoberfläche
B_F'	[p/m^2]	B_F, die <u>eine</u> Spandeckseite nach Beendigung des Beleimungsvorganges erhalten hat
B_F''	[p/m^2]	B_F, die eine Spandeckseite bei <u>einem</u> Durchgang durch die Sprühzone erhält
B_{ZFS}	[p/s]	BM-Menge auf die Zeit bezogen =
B_{ZFS}'	[p/sm^2]	spez. BM-Strom auf die Sprühfläche bezogen
d	[mm]	Spandicke
D	[mm]	Plattendicke
δ	[µm]	Durchmesser eines auf eine glatte Fläche aufgeschlagenen Tröpfchens
δ_m	[µm]	mittlerer Durchmesser δ
F	[m^2 / 100 pH]	spez. Oberfläche der Späne
F_{spr}	[m^2]	Sprühfläche
FS	[p]	Feststoff
G	[kp]	Gewicht der Spänefüllung in der Beleimungsmaschine
K	[%]	Konzentration der BM-Lösung
L	[m]	Länge der Sprühfläche
t	[min bez. s]	Beleimungsdauer

FORSCHUNGSBERICHTE
DES LANDES NORDRHEIN-WESTFALEN

Herausgegeben
im Auftrage des Ministerpräsidenten Dr. Franz Meyers
von Staatssekretär Professor Dr. h. c., Dr. E. h. Leo Brandt

HOLZBEARBEITUNG

HEFT 1043
Prof. Dr.-Ing. Franz Kollmann, Institut für Holzforschung und Holztechnik der Universität München
Untersuchungen über den Abnutzungswiderstand von Holz, Holzwerkstoffen und Fußbodenbelägen

HEFT 1053
Dr.-Ing. Eberhard Meinecke, Dr.-Ing. Wilhelm Klauditz, Institut für Holzforschung an der Technischen Hochschule Braunschweig
Über die physikalischen und technischen Vorgänge bei der Beleimung und Verleimung von Holzspänen bei der Herstellung von Holzspanplatten

---

Ein Gesamtverzeichnis der Forschungsberichte, die folgende Gebiete umfassen, kann bei Bedarf vom Verlag angefordert werden:
Acetylen / Schweißtechnik - Arbeitswissenschaft - Bau / Steine / Erden - Bergbau - Biologie - Chemie - Eisenverarbeitende Industrie - Elektrotechnik / Optik - Fahrzeugbau / Gasmotoren - Farbe / Papier / Photographie - Fertigung - Funktechnik/Astronomie - Gaswirtschaft - Hüttenwesen / Werkstoffkunde - Kunststoff - Luftfahrt / Flugwissenschaften - Maschinenbau - Medizin - Pharmakologie - NE-Metalle - Physik - Schall / Ultraschall - Schiffahrt - Textiltechnik / Faserforschung / Wäschereiforschung - Turbinen - Verkehr - Wirtschaftswissenschaft.

If you have any concerns about our products,
you can contact us on
ProductSafety@springernature.com

In case Publisher is established outside the EU,
the EU authorized representative is:
**Springer Nature Customer Service Center GmbH
Europaplatz 3, 69115 Heidelberg, Germany**

Printed by Libri Plureos GmbH
in Hamburg, Germany